Zitt

Das kleine Telefon-Werkbuch

D1666216

Telekommunikation

Hubert Zitt

Das kleine
Telefon-Werkbuch

4., neu bearbeitete und erweiterte Auflage

Mit 93 Abbildungen

FRANZIS

Bibliografische Information Der Deutschen Bibliothek

Die Deutsche Bibliothek verzeichnet diese Publikation in der Deutschen Nationalbibliografie; detaillierte Daten sind im Internet über **http://dnb.ddb.de** abrufbar

Satz: Fotosatz Pfeifer, 82166 Gräfelfing
art & design: www.ideehoch2.de
Druck: Legoprint S.p.A., Lavis (Italia)
Printed in Italy

ISBN 3-7723-**4527**-**1**

Vorwort

Das kleine Telefon-Werkbuch geht aus verschiedenen Teilen meines Buches *ISDN & DSL für PC und Telefon* hervor. Es handelt sich dabei um Kapitel zur herkömmlichen Telefontechnik, zur DSL-Technologie und zu den Leistungsmerkmalen des digitalen T-Net. Mein Ziel war es, eine kleine, übersichtliche und preiswerte Lektüre zusammenzustellen, die für jedermann verständlich ist und dennoch keine Fragen in Bezug auf die Möglichkeiten an einem herkömmlichen Telefonanschluss offen lässt.

Um dieses Buch zu schreiben, erhielt ich Unterstützung von vielen Seiten und dafür möchte ich mich ganz herzlich bedanken.

Vor allem bedanke mich bei meiner Familie für das Verständnis, das sie mir beim Schreiben dieses Buches entgegengebracht hat. Gleichzeitig entschuldige ich mich bei meiner Ehefrau Ulrike Helle und bei meinen beiden Söhnen Jonas und Robin dafür, dass ich in der letzten Zeit viele Stunden, die ich mit ihnen hätte verbringen können, vor dem Rechner verbracht habe. Jonas und Robin wünsche ich auf diesem Weg Gesundheit und ein langes Leben.

Für die vielen Anregungen bei der Überarbeitung dieses Buches für die dritte und vierte Auflage bedanke ich mich bei meinem Freund Andreas Teichfischer.

Weiterhin erhielt ich Unterstützung von anderen Freunden, Verwandten und Bekannten sowie von Kollegen und Studenten der *Fachhochschule Kaiserslautern* am Standort Zweibrücken. Auch die Anregungen von den Teilnehmern meiner ISDN-Seminare an der *Schule für Rundfunktechnik* in Nürnberg, habe ich beim Schreiben dieses Buches berücksichtigt. Vielen Dank an all diejenigen, die ich hier nicht namentlich nennen kann.

Von der *Deutschen Telekom AG* bekam ich aktuelle Information über Marktbestände, Leistungsmerkmale und technische Spezifikationen. Stellvertretend bedanke ich mich hierfür beim Pressesprecher der Deutschen Telekom, Herrn Walter Genz.

Bei Ihnen (den Lesern dieses Buches) bedanke ich mich für das Interesse an dieser Lektüre. Wenn Sie mir Anregungen oder Kritik mitteilen möchten, können Sie dies am besten über das Internet tun. Sie finden mich im Internet, wenn Sie meinen Namen als Suchbegriff in irgendeiner Internet-Suchmaschine eingeben oder über die folgenden Adressen:

`www.imst.fh-kl.de/zitt`

`zitt@imst.fh-kl.de`

Auf meinen Internetseiten finden Sie auch Leseproben aus meinen anderen Büchern und ein paar Anekdoten aus meinem Leben.

Abschließend möchte ich mich noch für die zahlreichen E-Mails bedanken, die ich in den letzten Jahren aufgrund meiner Bücher und Internetseiten erhalten habe. Viele Anregungen aus diesen E-Mails habe ich bei diesem Buchprojekt berücksichtigt.

Niederwürzbach, im Juli 2004
Hubert Zitt

Inhalt

Einleitung

Für wen wurde dieses Buch geschrieben?

Dieses Buch ist eine Anleitung für alle, die Installationen am herkömmlichen Telefonanschluss (also kein ISDN-Anschluss) selbst vornehmen wollen und auch ohne ISDN-Anschluss die Möglichkeiten des digitalen Telefonnetzes nutzen möchten. Außerdem bietet es Entscheidungshilfen für diejenigen, die über einen ISDN-Anschluss oder einen „Highspeed-Internetzugang" mittels DSL-Technologie nachdenken.

Um was es in diesem Buch geht

Telefone und andere Kommunikationsgeräte wie Modems, Faxgeräte oder Telefonanlagen gibt es ja mittlerweile fast überall zu kaufen. Obwohl man die Installationen am eigenen Telefonanschluss selbst vornehmen darf, wird man damit oft allein gelassen. Die Installationsbeschreibungen sind häufig unzureichend oder setzen bereits fundierte Fachkenntnisse voraus. Diese kleine Lektüre hilft hier weiter.

In dem Buch wird gezeigt, wie zusätzliche Telefondosen, automatische Faxumschalter, Telefonanlagen und alle möglichen Endgeräte angeschlossen werden. Außerdem werden die Installationen für einen DSL-Internetzugang beschrieben.

Neben den Beschreibungen zur Installationstechnik werden die Möglichkeiten aufgeführt, die einem heutzutage mit einem herkömmlichen Telefonanschluss zur Verfügung stehen. Stichworte sind hier z.B. Anzeigen der Rufnummer, Anklopfen, Dreierkonferenz, Rückruf bei Besetzt, Anrufweiterschaltung, T-Net-Box, SMS im Festnetz und vieles mehr. Diese Leistungsmerkmale konnten früher nur mit einem ISDN-Anschluss genutzt werden, heute stehen sie auch bei einem herkömmlichen Telefonanschluss zur Verfügung und viele davon ohne Aufpreis.

Hinweise des Autors

Beim Schreiben dieses Buches habe ich Wert darauf gelegt, dass es für „technische Laien" gut verständlich ist. Gleichzeitig wird es jedoch auch Elektrikern, Techniker und Ingenieuren gerecht.

Obwohl dieses Buch nicht ISDN behandelt, ließen sich Hinblicke auf ISDN häufig nicht vermeiden. Dies liegt daran, dass alle Vermittlungsstellen in Deutschland mit ISDN-Technologie arbeiten und lediglich die Übertragung zu einem herkömmlichen Telefonanschluss noch konventionell funktioniert.

Bis auf wenige Ausnahmen werden in diesem Buch keine Preise, Verbindungskosten oder Tarifmodelle angegeben. Diese Angaben wären wahrscheinlich nach sehr kurzer Zeit schon nicht mehr aktuell.

Die wichtigsten Abkürzungen vorweg
Der Leser wird bereits beim ersten Durchblättern dieses Buches feststellen, dass in den Grafiken und Texten sehr viele Abkürzungen vorkommen. Ich habe beim Schreiben darauf geachtet, dass jede Abkürzung erläutert wird, wenn ich sie das erste Mal verwende. Aus Erfahrung weiß ich aber, dass man sich nicht alle Abkürzungen merken kann und ich kann mir sehr gut vorstellen, dass man z.B. auf Seite 170 nicht mehr weiß, was ein APL ist, weil dies bereits auf Seite 30 erklärt wurde. Aus diesem Grund möchte ich die wichtigsten Abkürzungen, die immer wieder vorkommen, an dieser Stelle nennen und grob erklären, was sich dahinter verbirgt. Der Leser kann dann eine Abkürzung, die z.B. in einer Grafik vorkommt, auf dieser Seite *sehr schnell* nachschlagen. Eine jeweils exakte Beschreibung der Begriffe erfolgt unabhängig davon an den geeigneten Stellen im Text und im Anhang.

POTS Plain Old Telephone Service; herkömmliche (analoge) Telefontechnik

ISDN Integrated Services Digital Network; digitale Telefontechnik

DSL Digital Subscriber Line; Technologie für einen „Highspeed-Internetzugang" über eine „normale" Telefonleitung

TVSt Teilnehmervermittlungsstelle; gemeint ist die Telefonvermittlungsstelle

APL Abschlusspunkt des allgemeinen Leitungsnetzes; Übergabepunkt vom Telefonnetz zum Teilnehmer, meist ein grauer Kasten, der im Keller montiert wird und in dem ein etwas dickeres Telefonkabel von der Vermittlungsstelle endet

TAE Telefonanschlusseinheit; der Begriff wird allgemein bei der Anschlusstechnik für analoge Endgeräte verwendet, z.B. TAE-Dose oder TAE-Anschlussleitung

PPA Passiver Prüfabschluss; ein kleines Teil, das in die erste Telefonanschlussdose (TAE-Dose) eingebaut wird. Mit Hilfe des PPA kann die Telekom die Leitung bis zur ersten TAE-Dose durchmessen.

F   Kodierung an TAE-Dosen für Telefone, F steht für Fernsprechen

N   Kodierung an TAE-Dosen für „Nicht-Telefone" wie Faxgeräte, Modems, Anrufbeantworter usw., N bedeutet Nicht Fernsprechen

CLIP   Calling Line Identification Presentation; Übermittlung der Rufnummer des Anrufers zum Angerufenen, zum Anzeigen der Rufnummer wird ein so genanntes CLIP-fähiges Endgerät benötigt

NTBA   Network Termination für ISDN Basic Access; eine Anschlussbox für den ISDN-Anschluss, die beim Teilnehmer installiert wird

1 Das Telefonnetz

In diesem Kapitel wird zunächst beschrieben wie das Telefonnetz aufgebaut ist und wie es grob funktioniert.

Vorab sei erwähnt, dass

- ein analoger Telefonanschluss (POTS: Plain Old Telephone Service),
- ein digitaler Telefonanschluss (ISDN: Integrated Services Digital Network),
- und ein schneller Internetzugang (DSL: Digital Subscriber Line)

über die gleichen Leitungen des Telefonnetzes einem Kunden zur Verfügung gestellt werden.

1.1 Entwicklung des Telefonnetzes

Geschichte des Telefonierens

1861 Am 26. Oktober 1861 stellte der deutsche Volksschullehrer *Johann Philipp Reis* ein von ihm erfundenes Magnettelefon beim Physikalischen Verein in Frankfurter vor. Einer der ersten Sätze, die Reis über sein Telefon hörte, war: „Das Pferd frisst keinen Gurkensalat." Mit solch einem seltsamen Satz wollten die Kritiker ausschließen, dass sich Reis vorher mit seinem Gesprächspartner abgesprochen hatte.

1876 Unabhängig voneinander meldeten die beiden US-Amerikaner *Elisha Gray* und *Alexander Graham Bell* Patente auf neue Telefone an.

1877 Gründung der „Bell Telephone Company". Fertigung von Telefonapparaten und Betreiben von Telefonverbindungen in Nordamerika.

1877 Der Deutsche *Werner von Siemens* verbessert das Bell'sche Telefon. In Berlin entsteht das erste deutsche Telegraphenamt mit Fernsprecheinrichtung. Die Vermittlung funktionierte „von Hand".

1889 *Almon Brown Strowger* erfand die automatische Telefonvermittlung und erhielt dafür ein US-Patent. Die Vermittlung funktionierte durch kodiertes Drücken von drei Tastern, die sich an jedem Telefon befanden. Später entwickelten Strowgers Partner die Wählscheibe.

1915   In den USA wurde das elektromechanische Vermittlungsverfahren mit Drehwählern patentiert, wie es auf ähnliche Weise noch bis 1997 in Deutschland in Betrieb war.

1926   Erste Anlage nach dem Prinzip des Patentes von 1915 in Schweden.

1933   Erste Telex[1]-Geräte am deutschen Telefonnetz.

1961   *IBM Deutschland* stellte ein Verfahren vor, mit dem Computerdaten über das Telefonnetz übertragen werden konnten. Über einen Adapter (Modem) konnten Computerdaten ins Telefonnetz „eingespeist" werden. Dies eröffnete die Möglichkeit von Datennetzen.

1966   Der US-Wissenschaftler *Charles Kao* verwendete erstmals Lichtleitfaser (Lichtwellenleiter) zur Übermittlung von Telefongesprächen.

Das deutsche Telefonnetz und dessen Nutzung in den letzten Jahren

1978   Ein Telefonanschluss ist in fast allen deutschen Haushalten verfügbar.

1979   Entscheidung, die Vermittlungsstellen zu digitalisieren.
Erste Faxgeräte am deutschen Telefonnetz.

1982   Planung und Entscheidung für ISDN (digitales Telefonieren).

1984   Inbetriebnahme von BTX (Online-Dienst der damaligen Bundespost).

1985   Faxgeräte erobern die Büros.

1989   Betrieb des nationalen ISDN wird aufgenommen.

1992   Einführung von Datex-J (Datennetz der Telekom). BTX wird fortan über Datex-J abgewickelt.

1994   Einführung des „europaweit einheitlichen" EURO-ISDN.

Faxgeräte findet man auch immer mehr zur privaten Nutzung.

Beginn einer Fördermaßnahme für Datex-J durch deren Betreiber Telekom. Dies führt zu einem sprunghaften Anstieg von Datex-J-Anschlüssen.

1995   Beginn einer Fördermaßnahme für Euro-ISDN durch deren Betreiber Telekom. Dies führt zu einem sprunghaften Anstieg von ISDN-Anschlüssen.

---

1. Telex (teleprinter exchange, zu deutsch Fernschreiberaustausch) ist die umgangssprachliche Bezeichnung für den ersten, weltweiten Fernschreibdienst.

1997   Alle Vermittlungsstellen in Deutschland sind digitalisiert. Dies eröffnet viele neue Möglichkeiten beim Telefonieren.

1998   Das Monopol der Deutschen Telekom auf den Fernsprechdienst läuft aus, es gibt seit dem 1. Januar 1998 mehrere „Telefonanbieter".

             Erste Versuche, das Telefonnetz für den schnellen Internetzugang per DSL zu nutzen.

1995, das Telefonnetz wird „getauft"

Seit Ende 1995 heißt das Telefonnetz der Deutschen Telekom T-Net. Eigentlich dürfte ich auch nicht Telefonnetz schreiben, sondern es müsste Telekommunikationsnetz heißen. Definieren wir also T-Net noch einmal: T-Net ist das Telekommunikationsnetz der Deutschen Telekom mit vielen innovativen Leistungen.

Das Telefonnetz der Telekom hat also einen Namen, es heißt T-Net. Unter anderem ein Grund für die Benennung des Netzes war die Tatsache, dass das Monopol der Telekom auf den Fernmeldedienst mit dem Jahr 1997 ausgelaufen ist. Die Telekom hatte Konkurrenz bekommen. Und wenn es mehrere Netze gibt, dann ist es sicherlich sinnvoll, die Netze zu benennen.

In Broschüren der Telekom ist nur noch vom T-Net oder von T-ISDN die Rede. T-Net ist das Telefonnetz der Telekom und T-ISDN ist der ISDN-Dienst der Telekom, der über das T-Net zur Verfügung gestellt wird. Der Begriff T-Net wird häufig auch im Zusammenhang mit einem herkömmlichen (analogen) Telefonanschluss verwendet. Mit T-Net-Anschluss ist also ein analoger Telefonanschluss (POTS[1]) der Telekom gemeint.

1.2 Struktur des Telefonnetzes

Wie sich die Technik um uns herum verändert, sieht man zum Beispiel daran, über welches Medium man heute telefoniert und über welches Medium Fernsehsignale übertragen werden. Vor ein paar Jahrzehnten wurden Fernsehsignale fast ausschließlich per Funk übertragen. Heute gibt es Kabelfernsehen. Beim Telefonieren ist es gerade umgekehrt. Vor ein paar Jahrzehnten wurde fast ausschließlich über Leitungen telefoniert, heute funktioniert es per Funk. Der Mobilfunk wird aber den „normalen" Telefonanschluss nicht vollständig ersetzen.

---

1. zur Erinnerung: POTS steht für Plain Old Telephone Service, gemeint ist damit stets ein herkömmlicher (analoger) Telefonanschluss.

Seit Handys zur Selbstverständlichkeit geworden sind, hat sich für das Telefonnetz ein neuer Name eingebürgert, es heißt seither Festnetz. Früher bestand das Festnetz nur aus Kupferleitungen, heute sind zwischen den Städten (und teilweise auch in den Städten) Lichtwellenleiter verlegt. Nur die so genannte letzte Meile, also die Strecke zwischen der Vermittlungsstelle (früher sagte man dazu „Amt") und dem Telefonkunden ist in den meisten Fällen noch mit Kupferleitungen realisiert. Diese letzte Meile ist in der Regel nicht länger als ca. 4 km (mit dem Wort „Meile" ist also nicht wirklich die angelsächsische Maßeinheit gemeint).

Bei einem analogen Telefonanschluss (POTS) darf diese letzte Meile durchaus 10 km oder auch länger sein. Für ein ISDN-Signal darf die letzte Meile noch ca. 8 km lang sein und für ein DSL-Signal sind 4 km die obere Grenze. Da POTS, ISDN und DSL über die gleichen Leitungen zur Verfügung gestellt werden, sollte die letzte Meile also nicht länger sein als die erwähnten 4 km. Anders ausgedrückt: Ein DSL-Anschluss kann nur dann zur Verfügung gestellt werden, wenn die Leitung zur Vermittlungsstelle nicht länger ist als ca. 4 km.

Für die letzte Meile gibt es weltweit eine Zweidraht-Infrastruktur. Von der Vermittlungsstelle aus sind sternförmig je zwei verdrillte Drähte (im Fachjargon heißen sie Adern) zu allen naheliegenden Telefonkunden verlegt. Eigentlich wird ein Kabel mit mehr als zwei Adern verlegt, um für weitere Telefon- oder Faxanschlüsse eines Kunden gerüstet zu sein. Für einen „normalen" Telefonanschluss (POTS oder ISDN) und auch für den DSL-Anschluss werden jedoch nur zwei Adern (man sagt auch eine Doppelader) benötigt.

Früher funktionierte im Telefonnetz alles mit analoger Technik. Analoge Endgeräte, analoge Vermittlungsstellen und analoge Übertragungstechnik (siehe *Abb. 1.1*).

Seit Ende 1997 sind in Deutschland alle Vermittlungsstellen digitalisiert, d.h. die Vermittlungstechnik funktioniert seither mit speziellen Computern. Zunächst sollten dazu digitale Vermittlungsstellen für den Ortsverkehr (DIVO) und für den Fernverkehr (DIVF) gebaut werden. Dieses Konzept wurde jedoch nicht in der Form realisiert. Statt dessen sind intelligente digitale Teilnehmervermittlungsstellen (TVSt) für den Orts- und Fernbereich zuständig (siehe *Abb. 1.2*). Um die intelligente digitale Vermittlungsstelle von der „dummen" analogen Vermittlungsstelle zu unterscheiden, wird im Folgenden immer die Abkürzung TVSt benutzt, wenn von digitalen Vermittlungsstellen die Rede ist.

Die Digitalisierung der Vermittlungsstellen hat für den Netzbetreiber (z.B. Telekom) unter anderem den Vorteil, dass man Telefonteilnehmer am Bildschirm

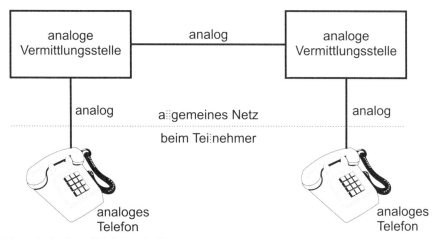

Abb. 1.1: Analoge Telefontechnik

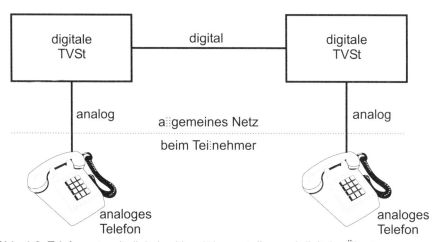

Abb. 1.2: Telefonnetz mit digitalen Vermittlungsstellen und digitaler Übertragung

an- bzw. abmelden kann. Bei analogen Vermittlungsstelle wurden die Leitungen für einen neuen Telefonkunden an eine Anschlussleiste gelötet. Das wichtigste Werkzeug des Fernmeldebeamten in einer analogen Vermittlungsstelle war also der Lötkolben, und dies ist kein Witz.

Neben der Digitalisierung der Vermittlungsstellen selbst, erfolgt die Übertragung zwischen den Vermittlungsstellen ebenfalls mit digitaler Technik (siehe *Abb. 1.2*).

Bei einem analogen Telefonanschluss funktioniert die Übertragung vom Teilnehmer zur Vermittlungsstelle weiterhin analog (siehe *Abb. 1.2*). Der Teilnehmer merkt zunächst von der anderen Technik relativ wenig. Ein Vorteil, den man als analoger Teilnehmer an einer digitalen Vermittlungsstellen hat, ist, dass man im so genannten Tonwahlverfahren (wird in Abschnitt 1.3.2 erklärt) wählen kann. Dies hat unter anderem einen schnelleren Verbindungsaufbau zur Folge. Weitere Vorteile werden in Kapitel 9 genannt.

In *Abb. 1.2* ist die Situation bei einem heutigen herkömmlichen (analogen) Telefonanschluss dargestellt. Dies ist auch die Basis, für die in diesem Buch beschriebene Installationstechnik und für die in Kapitel 9 genannten Leistungsmerkmale.

Der letzte Schritt zu einem vollkommen digitalisierten Fernmeldenetz war nun, auch die analog funktionierenden Telefone durch solche mit digitaler Technik zu ersetzen. Außerdem wurde auch die Übertragung vom Teilnehmer zur Vermittlungsstelle in digitaler Technik realisiert (siehe *Abb. 1.3*).

In *Abb. 1.3* wird ein ISDN-Anschluss gezeigt. Bei einem ISDN-Anschluss muss beim Teilnehmer eine „Anschlussbox", der so genannte NTBA[1] installiert werden. Ich habe in *Abb. 1.3* bewusst ein anderes Telefon benutzt als in

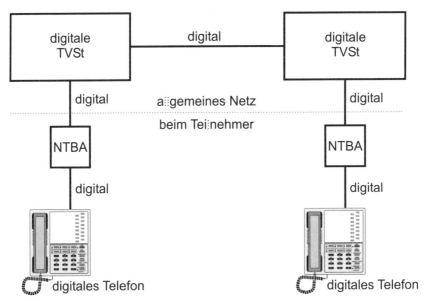

Abb. 1.3: Vollkommen digitalisiertes Telefonnetz

---

1. NTBA steht für *Network Termination for ISDN Basic Access*. In deutscher Literatur wird auch häufig die Bezeichnung *Network Termination Basisanschluss* angegeben. Das ist zwar nicht richtig, aber man sich kann es sich gut merken.

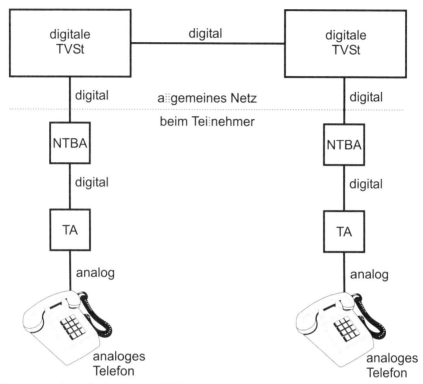

Abb. 1.4: Analoge Endgeräte am ISDN-Anschluss

den Grafiken zur analogen Telefontechnik. Dies soll verdeutlichen, dass analoge Telefone nicht direkt an einem ISDN-Anschluss betrieben werden können. Die Betonung liegt hier auf „direkt". Um analoge Geräte am ISDN-Anschluss zu betreiben, benötigt man entweder eine ISDN-Telefonanlage oder einen so genannten Terminaladapter (TA). Mit diesen Geräten werden die analogen Signale der Telefone in digitale Signale für ISDN umgewandelt und umgekehrt (siehe *Abb. 1.4*).

Mit *Abb. 1.4* will ich zeigen, dass man bereits vorhandene Telefone auch an einem ISDN-Anschluss betreiben kann. Diese Information soll dem Leser als Entscheidungskriterium für einen eventuellen Umstieg auf ISDN dienen. Ich möchte an dieser Stelle aber nicht näher auf ISDN eingehen und verweise interessierte Leser auf mein Buch *ISDN & DSL für PC und Telefon*.

1.3 Vermittlungstechniken und Wahlverfahren

Unter der Vermittlungstechnik versteht man die Technik, mit der eine Telefonverbindung aufgebaut wird. Früher geschah dies von Hand durch das „Fräulein vom Amt". Mit der Einführung der schon erwähnten Drehwähler (1915 in USA patentiert) wurde das Verfahren automatisiert. Die Drehwähler wurden mit elektrischen Impulsen angesteuert. Daher stammt auch der Name Impulswahlverfahren.

1.3.1 Impulswahlverfahren (IWV)

Beim Wählen mit der Wählscheibe eines Telefons werden elektrische Impulse erzeugt (siehe *Abb. 1.5*). Beim Zurückdrehen der Scheibe wird ein Schalter immer auf und zu gemacht und zwar so oft, dass es dem Wert der Ziffer entspricht, die man gewählt hat. Beim Wählen der Ziffer 5 wird der Schalter fünfmal geschlossen und wieder geöffnet, es werden also fünf Impulse erzeugt. Bei Telefonen mit Tasten werden solche Impulse elektronisch erzeugt.

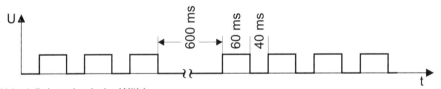

Abb. 1.5: Impulse beim Wählen

Die Kontakte sind beim Wählen ca. 40 ms geschlossen, dann 60 ms geöffnet, bis sie sich für den nächsten Impuls für weitere 40 ms wieder schließen. Zwischen den Ziffern muss (z.B. bei einer elektronischen Wahlwiederholung) ca. 600 ms gewartet werden. Der Wählvorgang nimmt, je nach Länge der Nummer, dann entsprechend einige zig Sekunden in Anspruch.

Bei analogen Vermittlungsstellen diente jeder Impuls dazu, einen Drehwähler einen Schritt weiter drehen zu lassen. Beim Drehen des Drehwählers wurden Kontakte mitgeführt, die bei jedem Schaltschritt auf einer anderen Leitung endeten. Diese Leitungen waren die Telefonleitungen, die zu den einzelnen Teilnehmern führten. Auf diese Weise wurde also der gewünschte Teilnehmer selektiert.

Das Verfahren, mit elektrischen Impulsen eine Telefonverbindung aufzubauen, heißt Impulswahlverfahren (IWV) oder auch Pulswahl. Obwohl es seit 1997 in Deutschland keine Vermittlungsstellen mit Drehwählern mehr gibt, wird uns das Impulswahlverfahren für die nächsten Jahre noch flächendeckend erhalten bleiben. Somit wird gewährleistet, dass ältere Apparate weiterhin am Telefonnetz betrieben werden können.

1.3.2 Mehrfrequenzwahlverfahren (MFV)

Drehwähler hatten einen entscheidenden Nachteil, sie funktionierten mechanisch. Dies bedeutete, dass sie gewartet werden mussten, weil es eine gewisse Abnutzung (von Lagern und Kontakten) gab. Unter anderem aus diesen Gründen wurde nach und nach die Vermittlungstechnik mit Drehwählern durch eine Technik mit Transistoren und Mikroprozessoren ersetzt.

Für die Drehwähler war die Pulswahl ein geeignetes Verfahren. Die Geschwindigkeit der Impulsfolge war auf die Reaktionszeit der Drehwähler abgestimmt. Transistoren können aber viel schneller schalten als diese mechanischen Drehwähler. Ein neues Verfahren zur Ansteuerung der Transistoren wurde eingeführt, das so genannte Mehrfrequenzwahlverfahren (MFV), auch Tonwahl genannt. Bei dieser Methode wird die Technik in den Vermittlungsstellen mit Tönen in verschiedenen Frequenzen angesteuert. Dabei wird beim Wählen der Null ein anderer Ton erzeugt, als beim Wählen der Fünf. Für jede Ziffer gibt es also einen anderen Ton. Eigentlich sind es für jede Ziffer zwei Töne, die überlagert sind. Dies erklärt auch die englische Bezeichnung für das Mehrfrequenzwahlverfahren, nämlich Dual Tone Multifrequency, abgekürzt mit DTMF. Das MFV arbeitet nicht nur schneller als das Impulswahlverfahren, es eröffnet auch viele neue Möglichkeiten, z.B. die Fernabfrage von Anrufbeantwortern und vieles mehr.

Das Mehrfrequenzwahlverfahren funktioniert nur bei „neueren" Tastentelefonen. Nur die Tatsache, dass ein Telefon Tasten hat und keine Wählscheibe, ist jedoch noch kein Beweis dafür, dass das Telefon auch Tonwahl unterstützt. Bei älteren Tastentelefonen werden mit dem Tastenfeld lediglich Impulse erzeugt. Telefone aus den 1990er Jahren können in der Regel sowohl das Impulswahlverfahren als auch das Mehrfrequenzwahlverfahren. Bei immer mehr Telefonen aus unserem Jahrtausend wird das Impulswahlverfahren bereits nicht mehr implementiert.

Bei Telefonen, die beide Wahlverfahren unterstützen, sollte aus der Bedienungsanleitung hervorgehen, wie man das Wahlverfahren einstellen kann. Welches Verfahren bei einem Telefon eingestellt ist, erkennt man leicht, weil man die Töne (und auch die Impulse) ja hören kann.

Es ist völlig gleichgültig, wer oder was die Töne für die Tonwahl erzeugt. Theoretisch könnte man die Töne bei einem Wählvorgang mit einem Kassettenrecorder aufnehmen und beim Abspielen des Bandes den Lautsprecher des Kassettenrecorders an den Telefonhörer halten. Auf diese Weise ließe sich eine Wahlwiederholung realisieren. Eine etwas weniger aufwendige Methode, extern zu wählen, ist die Eingabe der Nummer mit einem MFV-Signalgeber, früher besser bekannt als Gerät zur Fernabfrage eines Anrufbeantworters. Diese Geräte zur Fernabfrage, manchmal werden sie auch MFV-Wahlgeber genannt, machen nämlich auch nichts anderes, als die Töne des Mehrfrequenzwahlverfahrens zu erzeugen. Früher (zu Zeiten des Impulswahlverfahrens) lag beim Kauf eines Anrufbeantworters ein solcher MFV-Signalgeber zur Fernabfrage des Geräts bei. Heute wird in der Regel darauf verzichtet, weil man einen Anrufbeantworter, der für die Fernabfrage vorgesehen ist, mit *jedem* MFV-Signalgeber und mit *jedem* Tonwahl-Telefon fernbedienen kann.

Mit einem MFV-Signalgeber kann man übrigens auch mit dem ältesten Telefon über Tonwahl eine Telefonverbindung aufbauen. Man wählt einfach auf dem Signalgeber statt mit der Wählscheibe (siehe *Abb. 1.6*).

MFV-Signalgeber gibt es auch mit der Möglichkeit, Nummern zu speichern. Ein solches Gerät ist die Alternative zu einem kleinen Notizbuch für Telefonnummern. Statt unterwegs an der Telefonzelle das Notizbuch auszupacken und

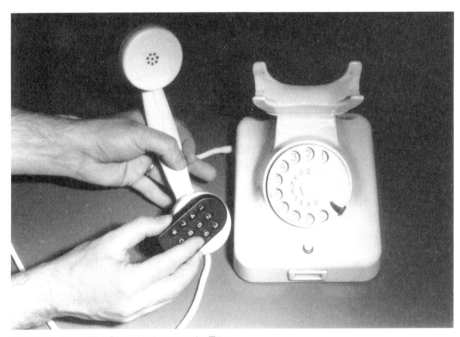

Abb. 1.6: Der MFV-Signalgeber macht Töne

die Nummer am Apparat einzugeben, hält man einfach den Wahlgeber an den Hörer und drückt eine Taste zum Ausgeben einer gespeicherten Tonfolge. MFV-Signalgeber mit zehn Nummernspeichern habe ich schon für weniger als 10 € gesehen, Wahlgeber ohne Nummernspeicher gibt es bereits für ca. 5 €.

Die Einführung des Mehrfrequenzwahlverfahrens war der Übergang von der analogen zur digitalen Vermittlungstechnik. Ich möchte hier darauf hinweisen, dass beim „normalen" Telefonanschluss, im Gegensatz zu ISDN, lediglich die Vermittlungstechnik digital arbeitet. Die Übertragungstechnik von der Vermittlungsstelle zum Teilnehmer und die Endgeräte (Telefon, Fax usw.) funktionieren weiterhin analog.

Eine digitale Vermittlungsstelle arbeitet also statt mit Drehwählern mit Transistoren. Die Koordination der Vermittlungen wird von Computern übernommen. Dadurch kann nun auch die Erfassung der Verbindungskosten, die Vergabe einer neuen Nummer usw. am Bildschirm durchgeführt werden.

Die digitalen Vermittlungsstellen bieten aber auch dem Teilnehmer mehr Leistung und Komfort. So können Teilnehmer mit einem herkömmlichen Anschluss Dienste nutzen wie Rückfrage/Makeln, Anklopfen und Dreierkonferenz. Weiterhin kann auf Wunsch eine detaillierte Rechnung ausgestellt werden, das heißt, Sie bekommen mit der Telefonrechnung eine Einzelverbindungsübersicht, bei der jedes abgehende Gespräch mit Datum, Uhrzeit, Dauer, Telefonnummer, Zielortsnetz, Tarifart, Anzahl der Tarifeinheiten und Verbindungskosten aufgelistet wird.

Eine letzte Anmerkung noch zum Thema Mehrfrequenzwahlverfahren: Jede Tastatur an Telefonen, Faxgeräten, Wahlgebern usw. hat nicht zehn, sondern zwölf Tasten. Zu den zehn Ziffern kommt noch eine Taste mit einem Stern und eine Taste mit einer Raute. Es haben sich hier die Bezeichnungen Stern-Taste und Raute-Taste durchgesetzt. Beim Drücken einer dieser Tasten werden ebenfalls Töne erzeugt, die jedoch für spezielle Zwecke verwendet werden, z.B. zur Nutzung der Leistungsmerkmale wie Rufumleitung, Rückruf bei Besetzt usw. (mehr dazu in Kapitel 9). Bei Impulswahl haben die Stern- und die Raute-Taste keine Bedeutung.

1.4 Technische Details des Telefonnetzes

1.4.1 Aufbau einer Telefonverbindung

Telefonieren ist etwas alltägliches. Hier muss man doch nichts beachten, werden die meisten sagen. Wenn es dann zu einer Falschwahl kommt, wenn man sich also mit der Floskel entschuldigt „Oh Verzeihung, da habe ich mich verwählt", kommt niemand auf die Idee, dass dies die Folge eines Bedienungsfehlers sein könnte. Was ich immer wieder beobachte, ist, dass Leute den Hörer abheben und sofort anfangen zu wählen, ohne den Wählton (Freiton) abzuwarten. Warum heißt denn der Wählton eigentlich Wählton? Er soll dem Teilnehmer signalisieren, dass die Vermittlungsstelle nun bereit ist, auf eine Eingabe von Ziffern zu reagieren. In den meisten Fällen erhält man den Wählton sehr schnell. Wenn man aber wählt, bevor man einen Wählton erhält, kann es zu einer Falschwahl kommen, die man in diesem Fall selbst verschuldet hat. Dieser Effekt tritt oft bei Telefonanlagen auf. Bei den meisten Telefonanlagen muss man zunächst die Null wählen, um den Wählton von der Vermittlungsstelle zu erhalten. Wenn man nach dem Wählen der Null nicht wartet, bis man den Wählton hört, kommt es häufig zu einer Falschwahl.

Ich will hier in ein paar Punkten einmal auflisten, welche Funktionen beim Aufbau einer normalen Telefonverbindung von den Vermittlungsstellen ausgeführt werden. Dadurch gewinnt man ein besseres Verständnis dafür, warum man z.B. erst wählen kann, wenn man den Wählton erhält.

- Voraussetzung: Anrufer und derjenige, der angerufen werden soll, telefonieren zur Zeit nicht, d.h. die Hörer sind bei beiden aufgelegt.
- Der Anrufer hebt den Hörer ab. Die Vermittlungsstelle erkennt dies, schaltet den Teilnehmer auf und sendet den Wählton (dies hat bei Drehwählern gelegentlich zwei Sekunden gedauert, heute dauert es ein paar Millisekunden). Erst dann ist die Vermittlungsstelle bereit, ankommende Signale zum Aufbau einer Verbindung (Töne oder Impulse) aufzunehmen.
- Der Anrufer beginnt zu wählen. Die Vermittlungsstelle stoppt den Wählton und speichert die gewählte Ziffer.
- Der Anrufer wählt weiter. Die Vermittlungsstelle speichert die eingehenden Ziffern und beginnt damit, eine Verbindung zum anderen Teilnehmer aufzubauen.
- Wenn die Nummer vollständig eingegeben ist, werden keine weiteren Ziffern mehr ausgewertet. (Wenn es in irgendeinem Ortsnetz die Telefonnummer 7380 gibt, dann kann es die Nummer 73805 nicht geben. Nach der

Null ist man ja schon bei einem Teilnehmer, was soll denn da noch kommen? Die Möglichkeit von Durchwahlnummern sei hier ausgeschlossen.)

- Falls eine Strecke zum angerufenen Teilnehmer frei ist, wird der Rufton auf die Leitung geschaltet. Der Anrufer hört den Rufton, das Telefon des Angerufenen klingelt aufgrund des Rufstroms.
- Der Angerufene hebt den Hörer ab. Der Rufton wird abgeschaltet und die Teilnehmer werden verbunden.
- Die Verbindung besteht, bis einer der Teilnehmer auflegt. Wenn der Anrufer auflegt, wird die Verbindung sofort unterbrochen, wenn der Angerufene auflegt, wird erst nach einer kurzen Verzögerungszeit unterbrochen. Diese Verzögerungszeit kann von Vorteil sein, wenn einem der Hörer beim Abheben nochmals auf die Gabel fällt. Es wäre ärgerlich, wenn dadurch die Verbindung unterbrochen wird und der Anrufer eine Einheit „aufgebrummt" bekommt. Durch die Verzögerungszeit wird die Verbindung weiterhin für kurze Zeit gehalten. Der Angerufene greift erneut zum Hörer, meldet sich und wundert sich in aller Regel nicht, dass die Verbindung nicht unterbrochen wurde.

1.4.2 Wann ist ein Anschluss besetzt?

Der Besetztton wird von vielen Leuten nur auf eine Art interpretiert: Derjenige oder diejenige, den/die man anrufen will, hängt schon wieder an der Strippe. Das muss nicht so sein, nur weil der Anschluss besetzt ist. Es gibt mindestens vier Gründe, warum eine Verbindung zu einem Teilnehmer nicht hergestellt werden kann und man einen Besetztton bekommt.

Das Telefonnetz ist nicht dafür ausgelegt, dass alle Teilnehmer gleichzeitig telefonieren können. Dies wäre auch eine unnötige Verschwendung von Ressourcen, weil ja nie alle Teilnehmer zur gleichen Zeit telefonieren. Natürlich ist das Netz in einem Gebiet, in dem viel telefoniert wird (z.B. in einem Bankenviertel) anders ausgelegt als in einem reinen Wohngebiet.

Wir gehen einmal davon aus, dass in einem Wohngebiet 25 von 100 Teilnehmern gleichzeitig telefonieren können. Nehmen wir weiterhin an, die 100 Teilnehmer hätten die Rufnummern 7300 bis 7399. Sobald nun ein Teilnehmer den Hörer abhebt, wird er aufs Amt geschaltet (so reden die Leute in den Vermittlungsstellen). Erst wenn dies passiert ist, bekommt der Teilnehmer den Wählton. Sobald der 26. Teilnehmer aus dieser 73er-Gruppe den Hörer abhebt, bekommt dieser keinen Wählton mehr, sondern den Besetztton. Den wenigsten dürfte dies schon einmal passiert sein. Es ist jedoch möglich, dass man beim

Abheben des Hörers schon gleich den Besetztton erhält und nicht telefonieren kann.

Auch zwischen den Vermittlungsstellen gibt es nicht unendlich viele Leitungen. Zwar können über das Transatlantik-Telefonkabel TAT-14 (eine Lichtwellenleitung, die im Jahre 2001 in Betrieb genommen wurde) ca. 15 Millionen Gespräche gleichzeitig übertragen werden, aber unendlich viele Telefongespräche zwischen Europa und USA sind nicht möglich. Dies ist nun schon der zweite Fall, bei dem man einen Besetztton bekommt, auch wenn der Teilnehmer, mit dem man sprechen will, nicht telefoniert.

Der dritte Fall, in dem man einen Besetztton bekommt, ist der, dass bei einem Teilnehmer gerade auch jemand anderes anruft. Mit anderen Worten, bei dem gewünschten Teilnehmer klingelt gerade das Telefon. In dem Fall ist der Anschluss eines analogen Teilnehmers (bei ISDN ist dies nicht so) besetzt, obwohl dieser vielleicht gar nicht zu Hause ist. Kurze Zeit später ruft man erneut an, der Anschluss ist jetzt frei, aber es hebt eventuell niemand ab. Zu denken: „Der oder die hat doch gerade noch telefoniert" kann ein Trugschluss sein.

Meistens haben Sie aber Recht, wenn Sie sagen: „Der oder die hängt ja schon wieder an der Strippe." Dieser vierte Fall ist wohl der häufigste, bei dem man einen Besetztton bekommt, zumindest bei einem herkömmlichen Telefonanschluss. Wenn ein ISDN-Teilnehmer telefoniert, bekommt ein Anrufer keinen Besetztton, sondern den Rufton. Dem ISDN-Teilnehmer wird der ankommende Ruf während des Gesprächs optisch und/oder akustisch signalisiert. Dies ist dank der digitalen Vermittlungsstellen auch am analogen Telefonanschluss möglich. Ich werde in Kapitel 9 näher darauf eingehen.

1.4.3 Bandbreite des Telefonnetzes

Bei all den Möglichkeiten, die das Telefonnetz heute bietet, rufen wir uns mal ins Gedächtnis, was der ursprüngliche Verwendungszweck des Telefonnetzes war. Über die Leitungen sollte menschliche Sprache übertragen werden. Genau für diesen Zweck wurde das Telefonnetz vor ein paar Jahrzehnten ausgelegt und auch dimensioniert. Alle Verstärker und Leitungen wurden so gewählt, dass menschliche Sprache gut verständlich übertragen werden kann, ohne dabei unnötig teuere Verstärker einzusetzen und zu viel Rauschen auf den Leitungen zu haben.

Zur Auslegung der Verstärker und Leitungen im Telefonnetz wurde eine Analyse der Sprache bezüglich der Verständlichkeit durchgeführt. Dabei hat man festgestellt, dass für eine gute Verständlichkeit alle Frequenzen zwischen

300 Hz[1] und 3400 Hz übertragen werden müssen. Nach diesen Werten wurde das Telefonnetz aufgebaut und so ist es auch heute noch ausgelegt. Man sagt, der Übertragungskanal (Sprechkanal) des Telefonnetzes hat eine Bandbreite von 3100 Hz, also die Differenz aus 3400 Hz und 300 Hz.

Das Frequenzspektrum der menschlichen Sprache enthält auch Frequenzen außerhalb dieser Bandbreite mit der unteren Grenze von 300 Hz und der oberen Grenze von 3400 Hz. Deshalb klingt die Sprache über das Telefon immer etwas dumpf. Einen direkten Vergleich hat man, wenn man Radio hört (UKW-Radio hat eine Bandbreite von ca. 15.000 Hz). Wenn sich der Moderator mit jemandem am Telefon unterhält, klingt die Stimme des Telefonteilnehmers dumpfer als die des Radiosprechers. Die Qualität der Übertragung über das Telefon ist also schlechter als bei Radio. Worauf es beim Telefon jedoch ankommt, ist die Verständlichkeit und nicht eine Hi-Fi-Qualität. Zur reinen Verständlichkeit ist eine Bandbreite von 3100 Hz ausreichend.

Durch die Bandbreite eines Übertragungskanals wird die Übertragungsgeschwindigkeit z.B. bei der Datenfernübertragung oder beim Faxen begrenzt. Wenn das Telefonnetz mehr Bandbreite hätte, wenn also z.B. alle Frequenzen zwischen 300 Hz und 7000 Hz übertragen werden würden, könnte man auch mit höherer Geschwindigkeit Daten über das Netz übertragen. Eine Faxseite bräuchte für die Übertragung dann nur die Hälfte der Zeit. An Datenfernübertragung hat damals (bei der Entwicklung des Telefonnetzes) allerdings noch niemand gedacht.

---

1. Hz, Abkürzung von Hertz, Einheit für Schwingungen pro Sekunde, benannt nach dem deutschen Physiker Heinrich Rudolf Hertz (1857 bis 1894).

2 Telefonanschluss

Die Installation eines Telefonanschlusses ist für POTS, ISDN und DSL bis zur ersten Anschlussdose absolut identisch. Erst nach der ersten Anschlussdose unterscheiden sich die Installationstechniken. Schauen wir uns einen Telefonanschluss einmal näher an.

2.1 Früher war alles anders

Früher war alles anders. Die Deutsche Bundespost hatte das Monopol auf den Fernsprechdienst und das Telefon war nur Mittel zum Zweck, ein grauer Apparat mit einem Hörer dran. Heute gibt es schöne und komfortable Telefone und man kann selbst entscheiden, welches Telefon man benutzt, vorausgesetzt, es hat eine BZT-Nummer. BZT steht für Bundesamt für Zulassungen in der Telekommunikation. Vor 1993 war es die ZZF-Nummer (Zentralamt für Zulassungen im Fernmeldewesen) und noch vorher hat man gesagt das Gerät ist postzugelassen. Jedes Gerät mit einer solchen ZZF-Nummer oder BZT-Nummer darf am Netz der Telekom betrieben werden, wenn man es den Bestimmungen nach anschließt.

Früher war alles anders. Die Deutsche Bundespost hatte das Monopol auf den Fernmeldedienst und das Telefon war lediglich eine Leihgabe. Telefone waren in Deutschland nicht käuflich. Zwar konnte man im Ausland Telefone käuflich erwerben, aber wehe dem, der irgend etwas ans Telefonnetz selbst angeschlossen hat. Heute ist es üblich, dass man sich von der Telekom lediglich einen Anschluss ins Haus legen lässt und sein eigenes Telefon betreibt. Nach Wunsch auch mehrere. Zwar gibt es Telefone und andere Endgeräte auch noch zu leihen, aber die Tendenz geht doch dahin, eigene Geräte zu besitzen.

2.2 Telefonanschluss heute

Das An-, Um- oder Abmelden eines Telefonanschlusses erledigt man im T-Punkt. Früher hieß der T-Punkt einfach Telefonladen oder Telekom-Laden; Namen, die eigentlich recht anschaulich waren. Jetzt hat sich hier jedoch auch der Abkürzungsfimmel der Telekom durchgesetzt. Diesen bemerkt man auch sehr deutlich auf den nächsten Seiten. Aus diesem Grund sei hier erwähnt, dass im Anhang dieses Buches alle verwendeten Abkürzungen erläutert sind.

Mal angenommen, Sie waren im T-Punkt und haben einen Telefonanschluss beantragt. Falls es in dem Haus oder in der Wohnung bereits einen Telefonanschluss gab, wird dieser Anschluss lediglich wieder freigeschaltet oder umgemeldet. Falls nicht, bekommen Sie nach ein paar Tagen eine schriftliche Mitteilung, dass zu einem bestimmten Termin ein Monteur der Telekom (oder einer Firma, die im Auftrag der Telekom arbeitet) vorbeikommt. Dieser prüft zunächst, ob die Leitung von der Teilnehmervermittlungsstelle aus geschaltet ist. Die Teilnehmervermittlungsstelle, im Folgenden immer abgekürzt mit TVSt, ist das Gebäude, in dem die Leitungen aller Telefonkunden aus der näheren Umgebung zusammenlaufen (ein gebräuchlicher Ausdruck für die TVSt ist auch Amt, gemeint ist dabei das Fernmeldeamt. Auch wenn der Name heute eher historischen Charakter hat, wird er immer noch häufig verwendet). Der Monteur stellt mit hoher Wahrscheinlichkeit fest, dass mit der Leitung alles in Ordnung ist. Dem Telefonanschluss steht also nichts mehr im Wege.

Falls noch nicht geschehen, legt der Monteur nun vom APL aus eine Leitung an eine TAE-Dose und schließt dort noch einen PPA an. So, hier haben wir es schon, drei Abkürzungen in einem Satz. Schauen wir uns dies zunächst einmal in einer Grafik an (siehe *Abb. 2.1*), bevor die Komponenten im Einzelnen erläutert werden.

APL
Der APL (Abschlusspunkt des allgemeinen Leitungsnetzes) ist der Kasten, der heute meist im Keller sitzt (früher wurde er außen montiert) und in dem ein et-

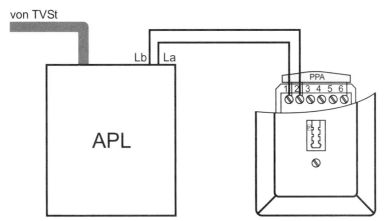

Abb. 2.1: Standardtelefonanschluss

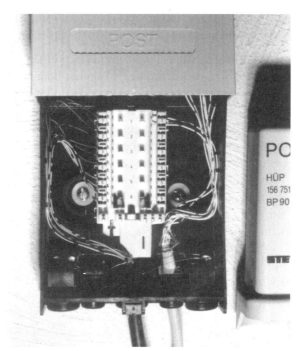

Abb. 2.2: APL (Abschlusspunkt des allg. Leitungsnetzes) in einem Einfamilienhaus

was dickeres Fernmeldekabel endet. Einen APL sollte es in jedem Haus geben, egal ob in diesem Haus ein Telefon angemeldet ist oder nicht. Früher hieß der APL übrigens EV oder EVZ für Endverzweiger. Der APL hat heute meist eine rechteckige Form, es gibt jedoch auch noch APLs in Form einer Glocke. In *Abb. 2.2* wird ein APL eines Einfamilienhauses gezeigt.

Telefonleitungen

Vom APL aus wird eine meist vieradrige Telefonleitung in den Wohnbereich verlegt, wo eine TAE-Dose installiert wird. Von den vier Adern werden, wie in *Abb. 2.1* zu sehen ist, nur zwei Adern angeschlossen. Eine vieradrige Telefonleitung der Telekom ist in *Abb. 2.3* abgebildet. Die einzelnen Adern sind bei dieser *Telekom-Leitung* mit schwarzen Ringen kodiert.

Es gibt natürlich auch Telefonleitungen mit mehr als vier Adern. Je nach Hersteller sind die Adern dann nicht mit Ringen, sondern mit unterschiedlichen Farben kodiert. Ich werde in Kapitel 3 noch näher auf Telefonleitungen eingehen.

Abb. 2.3: Vieradrige Telefonleitung (Telekom-Leitung)

TAE-Dosen

Die Dose zum Anschluss eines Telefons heißt im Fachjargon Telefon-Anschluss-Einheit, abgekürzt mit TAE. TAE-Dosen werden aber auch zum Anschließen von anderen Endgeräten wie Anrufbeantworter, Faxgeräte, Einheitenzähler, Modems usw. verwendet. In *Abb. 2.4* werden verschiedene TAE-Dosen gezeigt. Auch hier verweise ich nochmals auf Kapitel 3, in dem ich auf die einzelnen Anschlussdosen noch näher eingehen werde.

Das Adernpaar La und Lb

Zum Telefonieren benötigt man, wie bereits erwähnt, zwei Adern (eine Doppelader) einer mehradrigen Leitung. Diese beiden Adern müssen vom APL aus auf dem ersten und dem zweiten Kontakt der TAE-Dose aufgelegt werden

Abb. 2.4: Verschiedene TAE-Dosen

(siehe *Abb. 2.1*). Die Leitungsadern heißen bei der Telekom La und Lb (oder kurz a und b), wobei La auf Kontakt 1 aufgelegt wird und Lb auf Kontakt 2. Für La wird bei Telekom-Leitungen die Ader ohne schwarze Ringe verwendet; für Lb ist es üblich, die Ader mit *einem* Ring zu benutzen. Die beiden übrigen Adern werden bei einem Standardanschluss nicht benötigt. Man kann sich leicht vorstellen, dass diese sehr nützlich sein können, wenn man zum Beispiel einen zweiten Anschluss für ein Faxgerät beantragt. Manchmal ist es auch nötig, weitere Adern aufzulegen. Mehr dazu später.

Wenn alles ordnungsgemäß angeschlossen ist, liegt La auf Kontakt 1 und Lb auf Kontakt 2 der TAE-Dose. Sie hätten ja aber dieses Buch nicht gekauft, wenn sie nicht vorhätten, selbst Änderungen an ihrer Telefonanlage vorzunehmen. Somit wird es also auch andere Leute geben, die selbst Änderungen an den Telefonleitungen vorgenommen haben. Diese Leute hatten vielleicht nicht dieses (gute und anschauliche ☺) Buch und somit könnte es sein, dass sie La und Lb vertauscht haben. Auf diese so genannten *a/b-Vertauschung* will ich später noch näher eingegangen.

Welche Ader nun La und welche Lb ist, kann man nachmessen. Das Telefonnetz funktioniert mit Gleichspannung. Ein Voltmeter (im Gleichspannungsbereich) zeigt je nach Polung zwischen La und Lb ca. + 60 Volt bzw. – 60 Volt an. Dabei liegt Lb auf Erdpotenzial und La etwa auf minus 60 Volt. Eine Spannungsmessung (im Gleichspannungsbereich) zwischen La und dem Schutzkontakt einer Steckdose (einer der beiden sichtbaren Metallzapfen) müsste also etwa – 60 Volt anzeigen, eine Spannungsmessung zwischen Lb und dem Schutzkontakt einer Steckdose müsste 0 Volt anzeigen. Auf den Punkt gebracht: Die Leitung, an der man *minus* 60 Volt misst, ist La. In *Abb. 2.5* wird eine solche Messung gezeigt.

Achtung: Bei einem ISDN-Anschluss kann die Spannung zwischen La und Lb bis zu 100 Volt betragen. Auch bei ISDN liegt Lb auf Erdpotenzial, das heißt, man misst mit einem Voltmeter zwischen Lb und dem Schutzkontakt einer Steckdose keine Spannung. Bei meinem ISDN-Anschluss habe ich an La gegen Erdpotenzial eine Spannung von minus 96,8 Volt gemessen. Eine solche Spannung ist für Menschen nicht mehr unbedenklich. Meiden Sie es deshalb, die Adern direkt zu berühren!

PPA

An die Klemmen 1, 2 und 6 der TAE-Dose schließt der Telekom-Monteur noch einen PPA (Passiver Prüf-Abschluss) an. In *Abb. 2.6* wird eine TAE-Dose mit PPA und angeschlossenen Adern an den Klemmen 1 und 2 gezeigt. Aus

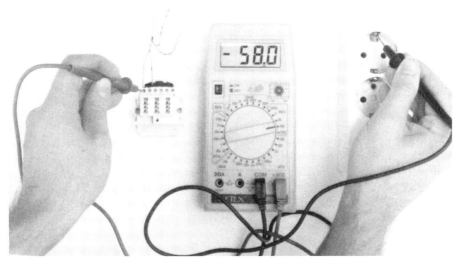

Abb. 2.5: Spannungsmessung zwischen La und dem Schutzkontakt einer Steckdose

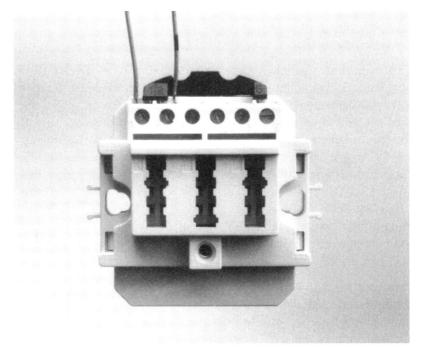

Abb. 2.6: TAE-Dose mit PPA

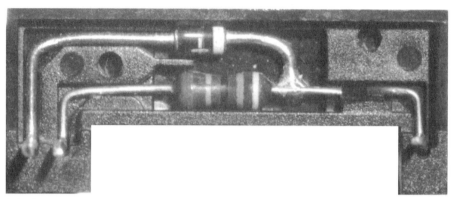

Abb. 2.7: Innenleben eines PPA

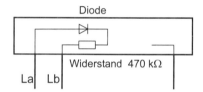

Abb. 2.8: Innenleben eines PPA schematisch

Abb. 2.8 geht hervor, dass der Anschluss des PPA an Klemme 6 (rechts außen) nur der Befestigung dient.

Der PPA beeinflusst überhaupt nicht die Funktionalität des Telefonnetzes, mit anderen Worten, man könnte ihn auch weglassen. Natürlich hat der PPA auch seine Daseinsberechtigung, nämlich dann, wenn der Telefonkunde eine Störung meldet. Mit Hilfe des PPA kann nämlich die Telekom (oder ein anderer Netzbetreiber) sehr schnell feststellen, ob die Störung im Telefonnetz liegt oder in der Anlage des Telefonkunden, sprich nach dem PPA. Bis zum PPA unterliegt die Funktionalität des Netzes dem Netzbetreiber, nach dem PPA dem Telefonkunden. Die TAE-Dose mit dem PPA heißt deshalb auch Netzabschluss oder Network Termination Analog, abgekürzt mit NTA. Falls mehrere TAE-Dosen installiert werden, wird ein PPA nur in die (vom APL aus gesehen) erste TAE-Dose eingebaut. Im Fachjargon nennen die Techniker den NTA oft einfach „1. TAE-Dose".

Bei einer Störung wird von der Telekom (dem Netzbetreiber) zunächst von der Vermittlungsstelle aus die Leitung bis zum Telefonkunden durchgemessen. Um die Vorgehensweise beim Messen der Leitung zu verstehen, ist es hilfreich, das Innenleben eines solchen PPA zu zeigen (siehe *Abb. 2.7*). In *Abb. 2.8* wird ein PPA schematisch gezeigt.

Es folgt nun ein kleiner Ausflug in die Elektronik. Die folgenden Zeilen sind für das weitere Verständnis des Buches nicht von essentieller Bedeutung, Sie können sie also auch überspringen.

Normalerweise liegt La auf minus 60 Volt und Lb auf Erdpotenzial. Dies bedeutet, dass die Diode sperrt und der PPA keinerlei Bedeutung hat. Beim Nachmessen der Leitung vertauscht die Telekom in der Vermittlungsstelle La und Lb und misst dann den Widerstand der Leitung. Nach dem Vertauschen kann durch die Diode Strom fließen und die Leitung kann durchgemessen werden. Wenn aus dieser Messung ein zu erwartender Wert (ca. 470 kΩ plus dem Leitungswiderstand) resultiert, geht die Telekom davon aus, dass der Fehler nicht im Telefonnetz, also nicht in ihrem Zuständigkeitsbereich, liegt. Für die Telekom ist damit der Fall erledigt, denn für eventuelle Fehler in der Anlage nach dem PPA ist der Telefonkunde selbst zuständig.

Telefon-Minimalanschluss
Nach diesem kurzen technischen Ausflug wieder zurück zu unserem Monteur, der unseren Telefonanschluss gelegt hat. Vom APL aus wurde also eine Leitung zur TAE-Dose im Wohnbereich gelegt und ein PPA wurde an die TAE-Dose angeschlossen. Das Einfachste ist jetzt natürlich, so wie es in *Abb. 2.9* dargestellt ist, den Stecker eines Telefons in diese TAE-Dose zu stecken und zu telefonieren.

So wie es in *Abb. 2.9* gezeigt wird, sieht in der Regel der herkömmliche Telefonanschluss (POTS) im privaten Bereich aus. Wie zu Beginn dieses Kapitels bereits erwähnt, ist der Telefonanschluss für POTS, ISDN und DSL bis zur ersten TAE-Dose identisch. Bei einem ISDN-Anschluss wird statt des Tele-

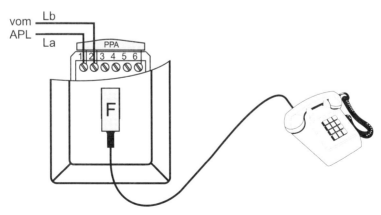

Abb. 2.9: Telefon an einer TAE-Dose mit PPA

fons ein NTBA an die TAE-Dose angeschlossen (siehe *Abb. 1.3*). Wenn an dem Anschluss der Internetzugang mittels DSL-Technologie genutzt wird, folgt nach der ersten TAE-Dose ein so genannter Splitter. Ich werde in Kapitel 10 noch näher auf die DSL-Technologie eingehen.

Vielleicht sind bei einem bereits bestehenden analogen Telefonanschluss auch mehrere TAE-Dosen und mehrere Endgeräte installiert. Bevor wir uns mit dem Ausbau eines solchen Anschlusses mit weiteren TAE-Dosen oder Umschaltern usw. beschäftigen, will ich noch auf die a/b-Vertauschung eingehen und auf das Thema: Wer darf TAE-Dosen installieren?

2.3 Do it yourself?!

2.3.1 Wer darf Telefondosen installieren?

Ich will hier keine Gesetze zitieren, an die sich sowieso die wenigsten halten. Eines ist klar: Vor dem PPA sollten nicht befugte Leute die Finger vom Telefonnetz lassen. Was ist aber nach dem PPA? Nun, drücken wir es einmal so aus: Firmen, die die Installation von TAE-Dosen, und alles was damit zusammenhängt, durchführen, müssen bei der Telekom keinen Bericht darüber ablegen. Anders ausgedrückt: Die Telekom geht davon aus, dass die Arbeiten ordnungsgemäß erledigt werden. Ohne jemandem etwas zu unterstellen, ist es nun aber oft so, dass einige Monteure dieser Firmen die Telefontechnik in einem Crashkurs erlernt haben, also keine gelernten Fernmeldetechniker sind. Dies kann man nun aber doch so interpretieren, dass man kein gelernter Fernmeldetechniker sein muss, um Telefondosen zu installieren. Es reicht, wenn man über gewisse Fachkenntnisse verfügt.

Bringen wir es auf den Punkt: Wenn die Arbeiten ordnungsgemäß, also nach den Vorschriften der Telekom durchgeführt wurden, wird wahrscheinlich auch niemand nachfragen, wer die Installation vorgenommen hat.

Wenn man die Installation der Telefonleitungen und -dosen selbst erweitert oder verändert, sollte man es richtig machen. Dieses Buch soll Ihnen dabei helfen.

2.3.2 a/b-Vertauschung

Zunächst sei gesagt, dass man beim Telefonieren nicht bemerkt, wenn eine a/b-Vertauschung vorliegt, d.h. die Funktionalität des Netzes wird nicht beeinflusst. Aus dem Abschnitt über den PPA geht hervor, dass eine Vertauschung von La und Lb vor dem PPA dazu führt, dass über den Prüfwiderstand immer ein geringer Strom fließt. Dieser Strom fließt dann 24 Stunden am Tag, egal ob man telefoniert oder nicht. Wenn dies bei einigen tausend Telefonkunden der Fall ist, entstehen hier eventuell erhebliche, unnötige Kosten. Eine a/b-Vertauschung vor dem PPA sollte also tunlichst vermieden werden. Nebenbei bemerkt darf man vor dem PPA sowieso keine Änderungen am Telefonnetz selbst vornehmen.

Nach dem PPA ist eine Vertauschung von La und Lb normalerweise vollkommen unerheblich. Ich rate jedoch dazu, eine a/b-Vertauschung möglichst zu vermeiden; alleine schon deshalb, weil so die spannungsführende Ader immer auf dem gleichen Kontakt liegt.

2.4 Zwei oder mehr analoge Telefonanschlüsse

Bis zum 31. Dezember 1995 gab es einen Sondertarif für einen zweiten analogen Telefonanschluss. Dieser kostete, in Bezug auf den monatlichen Grundpreis, nur etwa die Hälfte des Erstanschlusses. Bei Kleinbetrieben oder auch bei Privatpersonen mit Faxanschluss war ein solcher kostengünstiger Doppelanschluss häufig vorzufinden. Man hatte zwei Nummern, z.B. eine für das Telefon und die andere für ein Faxgerät. Wenn man relativ wenig Faxe bekam, nutzte man zum „Raustelefonieren" den Anschluss des Faxgeräts. Dies hatte den Vorteil, dass die normale Telefonnummer in dieser Zeit nicht besetzt war.

Seit dem 1. Januar 1996 gibt es den verbilligten Tarif für den Zweitanschluss nicht mehr und seit dem 1. Juli 1996 ist ein Doppelanschluss vom Grundpreis her teurer als ein ISDN-Anschluss, bei dem man drei oder mehr Nummern hat. Aus diesem Grund sind zwei analoge Telefonanschlüsse nicht mehr zeitgemäß. Das gilt übrigens auch für zwei getrennte Wohneinheiten in einem Haus. Selbst wenn man die Leistungen von ISDN nicht nutzt, ein ISDN-Standard-Mehrgeräteanschluss mit drei Rufnummern ist deutlich günstiger als zwei analoge Anschlüsse. Bedenken Sie, dass die Verbindungskosten für jede ISDN-Rufnummer einzeln auf der Rechnung aufgeführt sind. Die Aufteilung der Verbindungskosten stellt also kein Problem dar und die Aufteilung des monatlichen Grundpreises sowieso nicht.

3 Anschlussdosen und Installationstechnik

In diesem Kapitel werden Telefonleitungen und TAE-Dosen beschrieben. Zur Erinnerung: TAE steht für *Telefon-Anschluss-Einheit*.

3.1 TAE-Anschlussdosen

Im Folgenden werden die wichtigsten TAE-Dosen und deren Innenleben vorgestellt. Alle Typen von TAE-Dosen gibt es als Aufputz- und als Unterputzdosen. Diese unterscheiden sich jedoch nicht im Hinblick auf deren Funktionalität.

3.1.1 Kodierungen bei TAE-Dosen

Für die verschiedenen Endgeräte (Telefon, Anrufbeantworter, Einheitenzähler, Faxgerät, Modem usw.) gibt es unterschiedliche Kodierungen für die Anschlussbuchsen an den Dosen und somit auch für die Stecker:

- F-Kodierung für Telefone (F steht für Fernsprechen)
- N-Kodierung für alle Geräte, außer Telefonen (N bedeutet Nicht Fernsprechen)
- U-Kodierung für alle Geräte (U steht für Universal)

Handelsübliche TAE-Dosen gibt es vorwiegend mit den Kodierungen F und N und eher selten mit U-Kodierung. In *Abb. 3.1* werden eine TAE-F-Dose und eine TAE-N-Dose gezeigt.

Die Kodierungen N, F oder U stehen in der Regel an jeder Anschlussbuchse dran. Man erkennt die Kodierung außerdem an einer Nut. Bei F-kodierten Anschlussbuchsen befindet sich die Nut unten, bei N-kodierten etwa in der Mitte. Eine U-kodierte Anschlussbuchse besitzt sowohl unten als auch in der Mitte eine Nut (siehe *Abb. 3.2*).

Als Gedächtnisstütze: F für Fuß (unten), N für Nabel (Mitte)

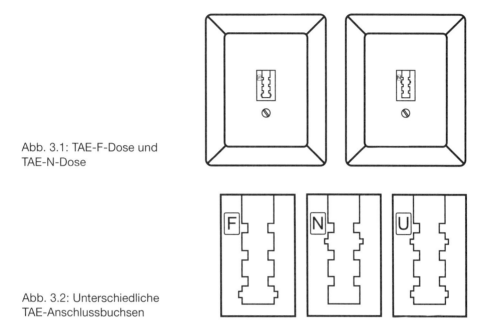

Abb. 3.1: TAE-F-Dose und
TAE-N-Dose

Abb. 3.2: Unterschiedliche
TAE-Anschlussbuchsen

Auf die U-kodierte Anschlussbuchse werde ich in diesem Buch nicht näher eingehen. Sie wird, wie bereits erwähnt, in der analogen Telefontechnik eher selten verwendet. Ich habe die U-Kodierung hier lediglich der Vollständigkeit halber vorgestellt.

Wenn die Anschlüsse an den TAE-Dosen unterschiedliche Kodierungen haben, ist es naheliegend, dass dies bei den Steckern der Endgeräte auch so ist. Ein Stecker eines Faxgeräts oder eines Anrufbeantworters passt nicht in einen F-Anschluss und der Stecker eines Telefons entsprechend nicht in einen N-Anschluss. Die Anwendung von Gewalt wird bei dieser Behauptung ausgeschlossen! An einem Stecker befindet sich entsprechend entweder in der Mitte oder unten eine „Nase".

Ich habe auch schon Stecker ohne Nase gesehen. Diese passen dann sowohl in N-kodierte, als auch in F-kodierte Anschlussbuchsen.

3.1.2 Klemmenbezeichnungen und Dosenschaltung

Eine TAE-Dose hat, wie wir in Kapitel 2 schon gesehen haben, sechs Anschlussklemmen. Zunächst sollen alle Signal- bzw. Klemmenbezeichnungen erläutert werden. La und Lb haben wir schon kennengelernt. Sie bezeichnen die beiden Zuleitungen vom Amt bzw. der Vermittlungsstelle und liegen auf den Klemmen 1 und 2.

Auf Klemme 3 liegt das W-Signal. W steht für Wecker und bedeutet, dass man an diese Klemme einen zusätzlichen Wecker, also eine externe Klingel, anschließen kann. Außerdem wurde das W-Signal früher zur Steuerung von automatischen Wechselanschlussdosen (AWADo) benutzt. AWADos und zusätzliche Wecker werden in den Kapiteln 5 und 7 vorgestellt.

Klemme 4 ist für das Signal E (Erde) vorgesehen. Dieses Signal wurde früher bei Telefonanlagen (Nebenstellenanlagen) benutzt um die Nebenstelle auf das Amt zu schalten. Mehr dazu in Kapitel 8.

An den Klemmen 5 und 6 liegen die Signale von den Klemmen 2 und 1, und zwar nur dann, wenn kein Stecker in der Dose steckt. Die Signale heißen hier b2 und a2 und werden benutzt um eine weitere TAE-Dose anzuschließen. Hierauf werde ich später noch näher eingehen.

In *Tabelle 3.1* werden alle Signale nochmals in einer Übersicht gezeigt.

Tabelle 3.1: Klemmenbezeichnungen an TAE-Dosen

Klemme	Signal	Bedeutung	Funktion
1	La	a-Ader	Amtsleitung
2	Lb	b-Ader	Amtsleitung
3	W	Wecker	für zusätzlichen Wecker oder AWADo
4	E	Erde	für Steuersignale, z.B. bei Telefonanlagen
5	b2	b-Ader	zur Weiterführung von Lb zur nächsten Dose
6	a2	a-Ader	zur Weiterführung von La zur nächsten Dose

TAE-F-Dose

Die Adern La und Lb werden, wie man in *Abb. 3.3* sehen kann, auf zwei so genannte Öffner gelegt. Ein Öffner ist ein Taster[1], der im Ruhezustand geschlossen ist. Wenn kein Telefon an der Dose angeschlossen ist, also kein Stecker in der Dose steckt, werden La und Lb auf die Klemmen 6 und 5 durchgeschleift. Dort haben sie die Bezeichnungen a2 und b2. Schließt man nun ein Telefon an der Dose an, dann werden die beiden Signale auf das Telefon geschaltet und a2 sowie b2 sind „tot".

---

1. Im Gegensatz zu einem Schalter besteht bei einem Taster eine elektrische Verbindung nur so lange, wie er betätigt wird (vgl. Klingeltaster).

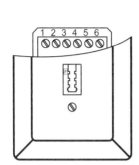
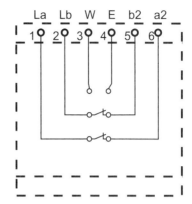

Abb. 3.3: TAE-F-Dose mit Dosenschaltung

TAE-N-Dose

Die Dosenschaltungen von TAE-F-Dosen und TAE-N-Dosen sind identisch. Die Dosen unterscheiden sich nur in der Anschlusskodierung.

Will man z.B. einen Anrufbeantworter und ein Telefon anschließen, so benötigt man einen N-kodierten Anschluss für den Anrufbeantworter und einen F-kodierten für das Telefon. Eine entsprechende Schaltung mit zwei Dosen wird in *Abb. 3.5* gezeigt.

Die TAE-N-Dose wird dabei (vom APL aus betrachtet) als erste Dose in der Reihe installiert. Ich werde im weiteren Verlauf noch darauf eingehen, warum dies so sein muss.

Da man diese oder ähnliche Konstellationen relativ oft benötigt, gibt es TAE-Dosen, an die man mehrere Endgeräte anschließen kann. Die Beschaltung sol-

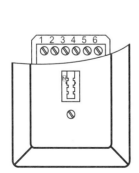
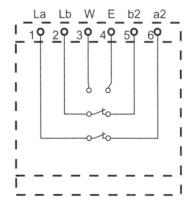

Abb. 3.4: TAE-N-Dose mit Dosenschaltung

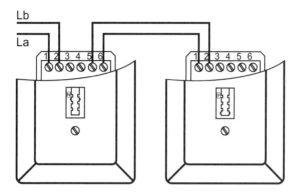

Abb. 3.5: TAE-N-Dose und
TAE-F-Dose hintereinander-
geschaltet

cher TAE-Dosen intern ist vergleichbar mit der Installation von mehreren TAE-Dosen hintereinander.

TAE-NF-Dose

Die TAE-NF-Dose ist geeignet, um z.B. einen Anrufbeantworter und ein Telefon oder ein Faxgerät und ein Telefon anzuschließen. Man erkennt aus der Dosenschaltung, dass das N-kodierte Gerät dem Telefon vorgeschaltet ist. Sobald man also ein N-kodiertes Geräte in die Dose steckt, werden La und Lb in der Dose nicht mehr an den F-kodierten Anschluss durchgeschleift. Auf die Frage, warum trotzdem beide angeschlossenen Geräte funktionieren, werde ich in Abschnitt 4.2.2 eingehen.

Die NF-Dose wird relativ selten installiert, verbreiteter sind TAE-NFN-Dosen.

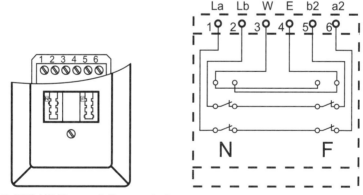

Abb. 3.6: TAE-NF-Dose mit Dosenschaltung

TAE-NFN-Dose

An eine NFN-Dose können zwei „Nicht-Telefone" und ein Telefon ange-schlossen werden. Dies könnten z.B. sein: Ein Faxgerät, ein Modem und ein Telefon oder ein Faxgerät, ein Anrufbeantworter und ein Telefon. Natürlich kann man einen oder auch zwei Anschlüsse frei lassen und in Reserve halten.

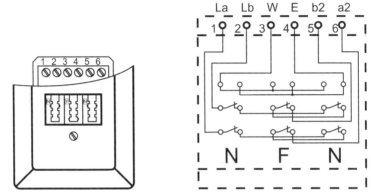

Abb. 3.7: TAE-NFN-Dose mit Dosenschaltung

Auch hier sind die N-kodierten Geräte dem Telefon vorgeschaltet.

Eine NFN-Dose unterscheidet sich vom Preis her kaum von einer einfachen F-Dose. Wenn man also einen Anschluss für ein Telefon plant, ist es sinnvoll, eine solche NFN-Dose zu installieren, auch wenn man zur Zeit die N-An-schlüsse nicht benötigt. Die Erfahrung zeigt, dass man irgendwann froh sein wird über die zusätzlichen Anschlussbuchsen.

Als letztes möchte ich noch eine Dose zum Anschluss von zwei Telefonen vor-stellen:

TAE-NFF-Dose

Die NFF-Dose unterscheidet sich von den bisher besprochenen Dosen in eini-gen Dingen. Bei der NFF-Dose gibt es zwei Klemmleisten. Eine solche Dose kann man als Zusammenfassung einer NF-Dose und einer F-Dose ansehen. Die NFF-Dose findet dann Einsatz, wenn man zwei Telefone örtlich nicht weit voneinander getrennt anschließen will, zum Beispiel in einem Büro mit zwei Schreibtischen.

Der Vollständigkeit halber sei hier erwähnt, dass es auch NFF-Dosen mit einer Klemmleiste gibt. Bei dieser Variante sind die beiden F-Anschlüsse einfach

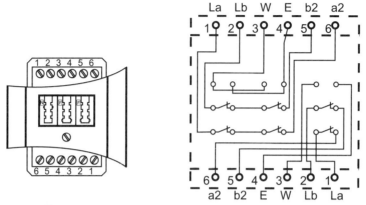

Abb. 3.8: TAE-NFF-Dose mit Dosenschaltung

parallel geschaltet. Dies ist zwar nicht im Sinne des Erfinders, aber es ist eine Möglichkeit, zwei Telefone am gleichen Anschluss zu betreiben.

3.1.3 Installation von TAE-Dosen

Wenn man eine zusätzliche TAE-Dose *ordnungsgemäß* installieren will, wird diese mit der schon installierten Dose in Reihe geschaltet. Dabei wird eine Doppelader von den Klemmen 5 und 6 der ersten Dose zu den Klemmen 1 und 2 der zweiten Dose gelegt (siehe *Abb. 3.9*).

Eine solche Schaltung ist dann sinnvoll, wenn die von der Telekom installierte TAE-Dose (in der Regel mit PPA) nicht dort sitzt, wo man sie haben will, oder

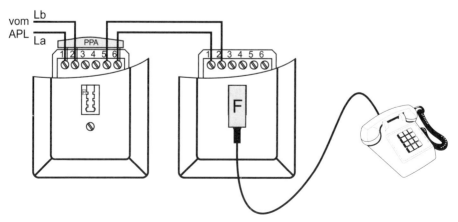

Abb. 3.9: Installation einer zusätzlichen TAE-Dose

wenn man gerne zwei Anschlüsse hätte. An der zweiten TAE-Dose (also in *Abb. 3.9* die rechte) und an jeder weiteren TAE-Dose wird kein PPA mehr installiert. Ein PPA wird nur in der ersten TAE-Dose eingebaut.

Die schon gezeigte Reihe von TAE-Dosen kann man mit beliebig vielen und mit beliebigen Arten von TAE-Dosen fortsetzen (siehe *Abb. 3.10*).

Die Schaltung entspricht streng der Vorschrift, hat jedoch einen kleinen Nachteil, der allerdings auch beabsichtigt ist und welcher auch aus den Dosenschaltungen hervorgeht. Schließt man nämlich ein Telefon an einer Dose an, dann werden La und Lb auf das Telefon geleitet und die Klemmen 5 und 6 liegen „brach". Dies bedeutet, dass alle TAE-Dosen hinter derjenigen, in der ein Telefon steckt, „tot" sind, dass man dort also keinen Wählton (kein Amt) bekommt. Die Amtsleitung hat man also nur auf dem Telefon, welches als erstes in der Reihe der TAE-Dosen steckt, in *Abb. 3.10* also an Telefon 1. Zieht man Telefon 1 heraus, kann man von Telefon 2 aus telefonieren. Steckt man Telefon 1 wieder rein, während auf Telefon 2 gesprochen wird, so hat man dem Teilnehmer am Telefon 2 das Gespräch sozusagen abgenommen, vorausgesetzt, man hat beim Einstecken nicht den Hörer aufliegen. Dies würde natürlich zum Beenden der Verbindung führen. Fazit: Man kann immer nur auf einem Telefon zur gleichen Zeit telefonieren. Dadurch wird verhindert, dass man ein Telefongespräch belauschen kann.

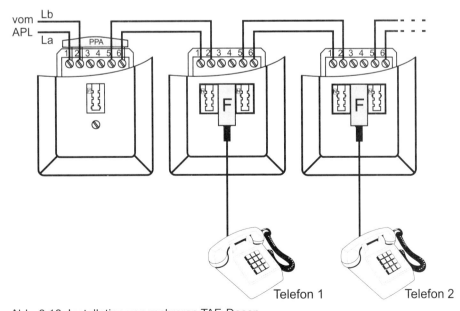

Abb. 3.10: Installation von mehreren TAE-Dosen

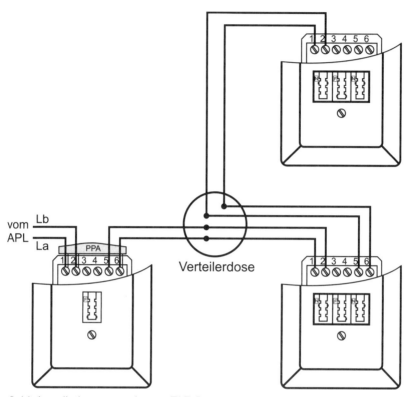

vom Lb
APL La

PPA

Verteilerdose

Abb. 3.11: Installation von mehreren TAE-Dosen bei Verwendung einer Verteilerdose

Keine Panik! Natürlich werde ich noch erklären, wie man mehrere Telefone gleichzeitig betreiben kann. Hierzu fehlen jedoch noch ein paar Kenntnisse bezüglich der Endgeräte und der Anschlussleitungen. Bevor wir darauf eingehen, schauen wir uns noch ein weiteres Beispiel einer Installation mit mehreren TAE-Dosen an (siehe *Abb. 3.11*).

In diesem Beispiel gehen wird davon aus, dass man aus architektonischen Gründen die Telefonleitungen in einer Verteilerdose verklemmen muss. Wenn es sich vermeiden lässt, sollte man Telefonleitungen und Stromleitungen (230 V) übrigens nicht direkt nebeneinander verlegen; es kann dabei zu Störungen kommen. Ein minimaler Abstand von einem Zentimeter sollte eingehalten werden.

3.2 Adernkodierung bei Telefonleitungen

An dem Beispiel aus *Abb. 3.11* erkennt man, dass es sinnvoll ist, Telefonleitungen mindestens vieradrig herzustellen. Zu der TAE-Dose rechts unten muss nämlich von der Verteilerdose aus eine vieradrige Leitung verlegt werden. Die Adern sollten dabei so verwendet werden, wie es in *Abb. 3.12* dargestellt ist.

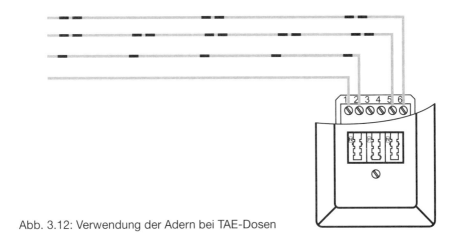

Abb. 3.12: Verwendung der Adern bei TAE-Dosen

Hier sei nochmals darauf hingewiesen, dass man die Installationen von Telefonleitungen so vornehmen sollte, dass im Nachhinein niemand feststellen kann, ob die Leitungen von Fachpersonal verlegt wurden oder nicht. Dazu zählt auch, dass man auf die Ring- oder Farbkodierungen der Adern beim Verklemmen der Telefonleitungen achten sollte. Es gibt aber noch einen weiteren und wichtigeren Grund, warum man die vorgesehen Adern für die entsprechenden Signale verwenden sollte. Die Ader ohne Ring und die mit einem Ring sind miteinander verdrillt. Das Gleiche gilt für das andere Adernpaar. Diese Verdrillung verhindert Störungen. Wie und ob sich Störungen auswirken, wenn man nicht die zusammengehörenden, also die verdrillten Adernpaare benutzt, hängt unter anderem von der Länge der Telefonleitung ab, und davon, ob eine Stromleitung in unmittelbarer Nähe der Telefonleitung verlegt ist.

Die vier Adern sind innerhalb des Leitungsmantels verseilt, also miteinander verdrillt. Die Form dieser Verseilung wird Sternvierer genannt. Der Sternvierer ist so angeordnet, dass sich die zusammengehörenden Adernpaare immer gegenüberliegen. Ein zusammengehörendes Adernpaar wird auch als *Doppelader* (DA) bezeichnet. Zur ersten Doppelader gehören die Adern ohne Ringe und die mit einem Ring (in *Abb. 3.13* mit a1 und b1 bezeichnet). Die zweite Dop-

Abb. 3.13: Sternvierer bei Telekom-Leitungen

pelader besteht aus den Adern, die mit je zwei Ringen gekennzeichnet sind. Für eine Doppelader liest man in der Literatur manchmal auch die Begriffe *Strang* oder *Stamm*.

Bei einem normalen Telefonanschluss wird die erste Doppelader verwendet, also die Ader ohne Ring und die mit einem Ring. Die zweite Doppelader kann dann z.B. für einen weiteren Telefonanschluss genutzt werden.

Eine falsche Verwendung der einzelnen Adernpaare bewirkt eine drastische Verschlechterung der Übertragungsqualität der Leitung. Noch gravierender leidet die Übertragungsqualität, wenn man Leitungen verwendet, bei denen die Adern überhaupt nicht verseilt sind, wie z.B. bei Leitungen, die für klassische Türsprechanlagen vorgesehen sind. Verwenden Sie für die Installationen also stets dafür vorgesehene Leitungen[1].

Wenn ich Telefonleitungen verlege, verwende ich meistens Leitungen mit 8 oder mit 12 Adern. Die Erfahrung zeigt, dass man irgendwann froh darüber sein wird. Auch wenn Sie heute denken, dass Sie ihren Telefonanschluss sicherlich nicht erweitern werden. Wer weiß schon, was in ein paar Jahren sein wird. Verlegen Sie also lieber ein paar Adern zu viel als zu wenig. Um nur ein Beispiel zu nennen: Als ich die Erstauflage dieses Buches geschrieben habe, gab es noch kein DSL. Heute, ein paar Jahre später, ist DSL schon fast zum Standard für einen Internetzugang geworden. Und für DSL benötigt man nun mal Leitungen.

Telekom-Leitungen mit mehr als vier Adern bestehen aus zwei oder mehreren Sternvierern, die wiederum zu einem so genannten *Bündel* verseilt sind. Die Isolierungen der Adern eines Sternvierers haben alle eine gemeinsame Grundfarbe. Die vier Adern des ersten Sternvierers sind rot, die des zweiten grün, die des dritten grau usw. Dies ist ansatzweise in *Abb. 2.2* zu erkennen.

---

1. Anmerkung für Elektrotechniker: Bei Leitungen gibt es immer eine kapazitive Kopplung, die dazu führt, dass Signale in die benachbarten Adern eingekoppelt werden. Dies führt zu einer erhöhten Dämpfung und zum so genannten *Nebensprechen*. Beim Sternvierer ist diese Kopplung zwar auch vorhanden, aber da es zu jedem Signal ein entgegengesetztes Signal aufgrund der Rückleitung gibt, werden die Störungen größtenteils kompensiert.

Bei der Bezeichnung von Telefonleitungen werden bestimmte Abkürzungen verwendet. Ein gebräuchlicher Typ ist zum Beispiel J-Y(St)Y 4x2x0,6. Die Abkürzung **J** steht für Installationsleitung, **Y** für eine PVC-Adernisolierung, **St** bedeutet, dass um die Adern ein statischer Schirm (Metallfolie) gewickelt ist und das letzte **Y** steht für PVC als Material für den Mantel. Die Anzahl der Adern ist stets paarweise angegeben, hier 4x2, es handelt sich also um eine 8-adrige Leitung. Die letzte Zahl bezeichnet den Aderndurchmesser[1], hier 0,6 mm. Bei J-Y(St)Y 4x2x0,6 handelt es sich um eine 8-adrige Standard-Telefonleitung, wie man sie in jedem Baumarkt kaufen kann. Für weitere Informationen zu den Leitungstypen verweise ich auf VDE 0815. Eine Internetrecherche führt hier schnell zum Ziel.

Bei dem Leitungstyp J-Y(St)Y sind die einzelnen Adern farbig kodiert. Bei der ersten Doppelader ist die a-Ader rot und die b-Ader blau isoliert. Alle weiteren a-Adern sind weiß. Die weitere Reihenfolge der b-Adern ist gelb, grün, braun und schwarz. Diese fünf Adernpaare bilden ein Bündel, das mit dem Adernpaar rot/blau zusammengebunden ist. Hat die Leitung mehr als zehn Adern folgt nun ein Adernpaar weiß/blau und dann wieder weiß/gelb, weiß/grün usw. Auf diese Weise sind stets Bündel mit fünf Doppeladern zusammengefasst. Das zweite Bündel ist mit dem zweiten Adernpaar zusammengebunden, also mit weiß/gelb, das dritte Bündel mit dem dritten Adernpaar usw. Bei achtadrigen Leitungen fehlt das Adernpaar weiß/schwarz. Um zu erkennen, welche Adern zusammengehören, muss man die Leitung mindestens 20 cm abmanteln (die äußere Isolierung entfernen) und dann die Adernpaare vorsichtig voneinander trennen.

Bei 4-adrigen J-Y(St)Y-Leitungen gibt es, vermutlich aus historischen Gründen, eine Ausnahme bei den Adernfarben. Die 4-adrigen Leitungen haben eine rote, eine schwarze, eine weiße und eine gelbe Adernisolierung.

J-Y(St)Y-Leitungen wurden früher von Fernmeldetechnikern einfach nach ihrem Hersteller benannt, nämlich nach der Firma Siemens. Für 4-adrige J-Y(St)Y-Leitungen habe ich die Bezeichnung Siemens-Leitung für dieses Buch einfach übernommen. In *Tabelle 3.2* sind die Adernbezeichnungen der genannten Leitungstypen zusammengefasst.

In *Tabelle 3.3* ist nochmals zusammengestellt, welche Adern einer vieradrigen Telefonleitung für die einzelnen Klemmen an einer TAE-Dose vorgesehen sind.

---

1. Im Gegensatz zu den Elektroinstallationsleitungen, bei denen es üblich ist, den Adern*querschnitt* (z.B.: 3x1,5 mm²) anzugeben, wird bei Telefon- und Datenleitungen der Adern*durchmesser* angegeben.

Tabelle 3.2: Adernkodierung bei Telefonleitungen

Ader	Telekom-Leitung	J-Y(St)Y 6x2x0,6	Siemens-Leitung
a1	rot, kein Ring	rot	rot
b1	rot, ein Ring	blau	schwarz
a2	rot, zwei Ringe weit	weiß (bei gelb)	weiß
b2	rot, zwei Ringe eng	gelb	gelb
a3	grün, kein Ring	weiß (bei grün)	
b3	grün, ein Ring	grün	
a4	grün, zwei Ringe weit	weiß (bei braun)	
b4	grün, zwei Ringe eng	braun	
a5	grau, kein Ring	weiß (bei schwarz)	
b5	grau, ein Ring	schwarz	
a6	grau, zwei Ringe weit	weiß (bei blau)	
b6	grau, zwei Ringe eng	blau	

Tabelle 3.3: Verwendung von vieradrigen Telefonleitungen bei TAE-Anlagen

Klemme	Signal	Telekom-Leitung	Siemens-Leitung
1	La	ohne Ring	rot
2	Lb	ein Ring	schwarz
5	b2	zwei Ringe, eng	gelb
6	a2	zwei Ringe, weit	weiß

4 Stecker, Anschlussleitungen und Adapter

Leider gibt es bei der analogen Telefontechnik keine einheitliche Belegung für die Stecker und keine feste Norm für die Anschlussleitungen, weder für die Telefone, noch für die anderen Endgeräte. Bei deutschen Telefonen sind die Anschlussleitungen zwar identisch, diese Anschlussleitungen funktionieren jedoch nicht bei Importgeräten. Umgekehrt gilt das Gleiche. Noch unübersichtlicher wird die Sache bei den Nicht-Telefonen wie Faxgeräte oder Anrufbeantworter. Hier ist es am besten, wenn man eine zu diesem Gerät mitgelieferte Anschlussleitung besitzt. Bei Verwendung einer anderen Anschlussleitung funktioniert das Gerät eventuell nicht ordnungsgemäß. Schauen wir uns einmal einige unterschiedliche Stecker und Anschlussleitungen an.

4.1 Stecker

4.1.1 TAE-Stecker

Wie schon erwähnt, passen die N-kodierten Stecker von Faxgeräten, Modems oder Anrufbeantwortern nicht in die für Telefone vorgesehenen Buchsen. F-kodierte Stecker von Telefonen passen nicht in N-kodierte Buchsen.

TAE-F-Stecker
In *Abb. 4.1* erkennt man die „Nase" am Stecker, die bewirkt, dass man ihn nur in eine für ihn kodierte Buchse stecken kann.

Die Nummern an den Kontakten geben an, mit welchen Anschlussklemmen der TAE-Dose die Kontakte des Steckers beim Einstecken in die Dose verbunden werden. Die Abkürzungen ws, br usw. bezeichnen die Farben der Isolierungen der Leitungsadern. Das Fehlen der Farbangaben an den Kontakten 5 und 6 lässt jetzt schon vermuten, dass diese Kontakte beim TAE-F-Stecker nicht belegt sind. In *Tabelle 4.1* sind die Farbkodierungen bei Anschlussleitungen übersichtlich dargestellt.

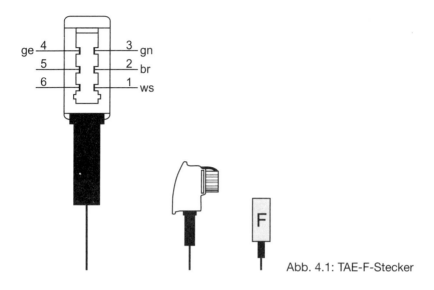

Abb. 4.1: TAE-F-Stecker

TAE-N-Stecker

Der TAE-N-Stecker ist für Faxgeräte, Modems, Einheitenzähler, Anrufbeantworter usw. vorgesehen. Bei N-kodierten Steckern sind vier, fünf oder alle sechs Kontakte belegt. Die unterschiedlichen Belegungen werden weiter unten in Abschnitt 4.2.2 gezeigt.

Die Farben der Adernisolierung sind nicht bei allen Anschlussleitungen identisch. Häufig findet man jedoch die angegeben Farben vor.

Die in *Abb. 4.1* und *Abb. 4.2* rechts dargestellten Symbole werden in den folgenden Grafiken stets für die so kodierten Stecker verwendet.

Tabelle 4.1: Farbkodierungen bei TAE-Anschlussleitungen

Kontakt	Signal	Farbkürzel	Farbe
1	La	ws	weiß
2	Lb	br	braun
3	W	gn	grün
4	E	ge	gelb
5	b2	gr	grau
6	a2	rs	rosa

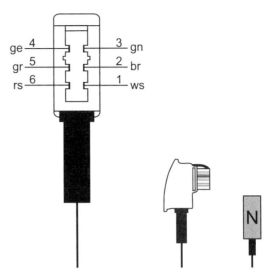

Abb. 4.2: TAE-N-Stecker

4.1.2 Western-Stecker

Früher war die Anschlussleitung fest mit dem Endgerät verbunden. An heutigen deutschen Endgeräten und an Importgeräten befinden sich so genannte Western-Anschlüsse. Sie werden auch Western-Modular-Anschlüsse genannt. Western ist eine US-amerikanische Norm für Telefonanschlüsse, die mittlerweile auch in Deutschland verwendet wird. Der offizielle Ausdruck von Telekom für einen solchen Western-Anschluss heißt Fernmelde-Klein-Steckverbindung, kurz FKS.

Anschlussleitungen von Endgeräten haben meistens auf der einen Seite einen TAE-Stecker und auf der anderen Seite einen Western-Stecker. Bevor wir zu den Anschlussleitungen kommen, schauen wir uns zuerst die Western-Stecker (Western-Modular-Stecker) noch näher an.

Western-Stecker mit vier Kontakten
Die 7,65 mm breiten, vierpoligen Western-Stecker werden ausschließlich für die Hörerleitung der Telefone verwendet, und zwar an beiden Seiten der Leitung. Diese Stecker sind für die weiteren Betrachtungen in diesem Buch nicht von Interesse.

Western-Stecker mit sechs Kontakten (RJ-11-Stecker)
Bei Western-Steckern mit sechs Kontakten sind häufig nur vier Kontakte belegt, bei Importgeräten sind es in der Regel nur zwei Kontakte. Dennoch haben

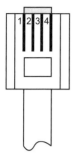

Abb. 4.3: Western-Stecker mit vier Kontakten

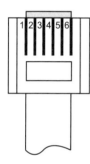 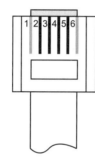

Abb. 4.4: Western-Stecker mit sechs Kontakten, rechts sind nur vier Kontakte belegt

die Stecker stets die gleiche Größe, sind also, wie man sagt, kompatibel zueinander. Western-Stecker, bei denen nur zwei Kontakte belegt sind, müssen nicht näher betrachtet werden. Wenn nämlich nur zwei Kontakte belegt sind, können dies nur die Adern La und Lb sein. Und wie schon erwähnt, können La und Lb an dieser Stelle vertauscht werden, ohne dabei die Funktionalität zu beeinflussen.

In den folgenden Grafiken sind die nicht belegten Kontakte grau dargestellt. Die Nummerierung der Kontakte wird aber stets beibehalten.

Die 9,65 mm breiten, sechspoligen Western-Stecker sind diejenigen, die für die analogen Endgeräte verwendet werden. Western-Stecker mit vier belegten Kontakten werden für Telefone benutzt. Bei Faxgeräten, Anrufbeantwortern usw. sind manchmal alle sechs Kontakte belegt. Warum dies so ist und manchmal auch so sein muss, geht aus den Erläuterungen der nächsten Seiten hervor. Zuvor möchte ich aber noch einen weiteren Western-Stecker vorstellen.

Western-Stecker mit acht Kontakten (RJ-45-Stecker)
Western-Stecker mit acht Kontakten werden bei ISDN-Anschlüssen und bei Computernetzwerken verwendet.

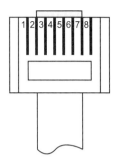

Abb. 4.5: Western-Stecker mit acht Kontakten

Die 11,68 mm breiten, achtpoligen Western-Stecker kommen in der analogen Telefontechnik nicht vor. ISDN-Geräte können nicht an einem analogen Telefonanschluss betrieben werden. Ebenso wenig kann man analoge Telefone oder andere analogen Endgeräte *direkt* am ISDN-Anschluss betreiben. Aus diesem Grund gibt es auch keine Anschlussleitungen, an denen achtpolige Western-Stecker auf der einen Seite und sechspolige Western-Stecker oder TAE-Stecker auf der anderen Seite sind.

4.2 Anschlussleitungen

Bei der Telekom heißen die Verbindungen zwischen den Endgeräten und den Anschlussdosen eigentlich Anschlussschnüre. Diese Terminologie stammt noch aus einer Zeit, als es zum Handwerk eines Fernmeldetechnikers gehörte, diese Höreranschlussleitungen wie Schnüre zu flechten. Mir widerstrebt es, zu einer Leitung Schnur zu sagen. Eine Schnur dient z.B. zum Verpacken eines Pakets oder zum Drachen steigen lassen. Eine Leitung ist eine elektrische Verbindung, und eine Anschlussleitung für ein Telefon hat zweifelsohne die primäre Funktion, elektrischen Strom zu leiten. Prof. Dr. Alfons Blum hat in einer Vorlesung bezüglich der Vergabe von Formelzeichen und Benennungen einmal folgende Bemerkung gemacht: „Man muss nur sagen was man macht, dann kann man machen was man will." Nun, dies lässt sich auf das Folgende gut anwenden, für mich sind es eben Anschlussleitungen und keine Schnüre und gesagt habe ich es hiermit auch!

4.2.1 Western-Western-Anschlussleitungen

Anschlussleitungen, bei denen sich auf beiden Seiten ein Western-Stecker befindet, werden zum Beispiel bei Hörerleitungen von analogen und digitalen Telefonen benutzt. Hierbei handelt es sich auf beiden Seiten um vierpolige Western-Stecker. Diese Art von Leitungen ist hier nicht von Interesse.

Bei ISDN-Anschlussleitungen werden auf beiden Seiten achtpolige Western-Stecker (RJ-45-Stecker) verwendet. Diese interessieren uns in diesem Buch auch nicht.

Anschlussleitungen mit zwei sechspoligen Western-Steckern (RJ-11-Steckern) sind meist bei analogen Importgeräten dabei. Hier sind oft nur zwei Kontakte des Steckers belegt, und zwar meistens die in der Mitte, also an den Klemmen 3 und 4. Zum Anschluss an eine TAE-Dose kann dann ein Adapter (siehe Abschnitt 4.3) verwendet werden. Es gibt zwar auch in Deutschland sechspolige Western-Anschlussdosen (siehe *Abb. 4.6*) zu kaufen, aber diese findet man relativ selten vor.

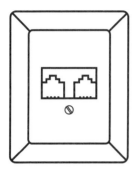

Abb. 4.6: Western-Dose mit Vergrößerung der Anschlussbuchse

Da die Belegung der Western-Western-Anschlussleitungen meistens „geradeaus" ist, also keine Vertauschung oder Umpolung vorliegt, brauchen wir uns dieses Leitung nicht näher anzusehen.

Anmerkung: Bei der in *Abb. 4.6* dargestellten Dose handelt es sich *nicht* um eine UAE-Dose (RJ-45-Dose), die zum Anschluss von ISDN-Geräten verwendet wird. UAE-Dosen besitzen Anschlussbuchsen mit acht Kontakten.

4.2.2 TAE-Western-Anschlussleitungen

Anschlussleitungen mit F-Kodierung
Zum Telefonieren benötigt man La und Lb. Mindestens zwei Adern muss die Anschlussleitung eines Telefons also haben (siehe *Abb. 4.7* oben). Bei Importgeräten sind in der Regel auch nur zwei Adern vorhanden. Mit diesen Apparaten gibt es bei älteren Anlagen Probleme, z.B. beim Betreiben eines zusätzlichen Weckers, bei Verwendung einer AWADo oder bei der Amtsholung durch die Erdtaste bei Telefonanlagen. Da diese Technik aber ausstirbt, sind auch die neueren Apparate, die von der Telekom vertrieben werden, nicht mehr für die

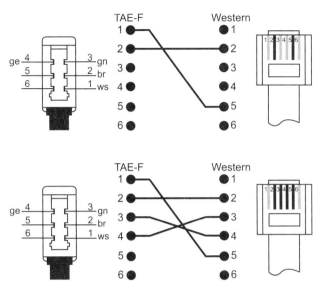

Abb. 4.7: Belegung von Anschlussleitungen für Telefone der Telekom

Signale W und E (siehe *Tabelle 3.1*) vorgesehen. Dennoch sind die F-kodierten Anschlussleitungen meistens vieradrig ausgelegt (siehe *Abb. 4.7* unten).

Die Adern La und Lb liegen bei einem TAE-Stecker grundsätzlich auf den Kontakten 1 und 2. Bei einem deutschen Telefon liegt La auf Kontakt 5 des Western-Steckers und Lb auf Kontakt 2, d.h., die beiden äußeren der belegten Kontakte werden verwendet. Weil eine Vertauschung von La und Lb an dieser Stelle keine Rolle spielt, kann es auch vorkommen, dass La beim Western-Stecker auf Kontakt 2 liegt und Lb entsprechend auf Kontakt 5.

Eventuell gibt es eine Ader für das W-Signal vom TAE-Kontakt 3 auf den Western-Kontakt 4. Wie bereits erwähnt, wurde das W-Signal früher benötigt, wenn man einen zusätzlichen Wecker betrieben hat oder das Telefon an einer AWADo-Schaltung angeschlossen war.

Für das E-Signal, das früher bei Telefonanlagen zur Amtsholung benötigt wurde, gibt oder gab es eine Ader vom TAE-Kontakt 4 auf den Kontakt 3 des Western-Steckers.

Bei Importtelefonen ist die Belegung des Western-Anschlusses am Telefon anders als in Deutschland. Es bleibt wohl Spekulation, dass dies bei der deutschen Normung der Western-Anschlüsse beabsichtigt war. Auf jeden Fall müssen La und Lb bei Geräten aus den USA oder aus Fernost an die mittleren Kontakte des Western-Steckers geführt werden (siehe *Abb. 4.8* oben). Wenn

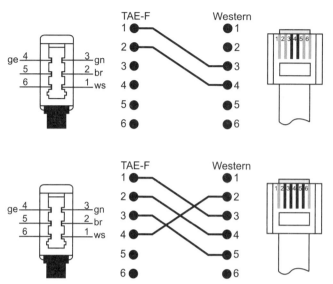

Abb. 4.8: Belegung von Anschlussleitungen für Importtelefone

vier Adern aufgelegt sind, sieht die Belegung meistens so aus, wie es in *Abb. 4.8* unten dargestellt ist.

In der Regel werden das W-Signal (Kontakt 3 des TAE-Steckers) und das E-Signal (Kontakt 4 des TAE-Steckers) von Importtelefonen gar nicht zur Verfügung gestellt. Die bei Importtelefonen mitgelieferte Anschlussleitung besitzt häufig auf beiden Seiten Western-Stecker, bei denen nur die mittleren beiden Kontakte belegt sind. Drei Möglichkeiten gibt es nun, um das Importtelefon an das deutsche Telefonnetz anzuschließen:

1. Man kauft sich einen TAE-Western-Adapter für Importgeräte (siehe Abschnitt 4.3). Ein solcher Adapter besitzt auf der einen Seite einen TAE-F-Stecker und auf der anderen Seite eine Western-Buchse. Damit kann man die mitgelieferte Anschlussleitung mit den beiden Western-Steckern verwenden.

2. Im Handel erhältlich sind auch TAE-Western-Anschlussleitungen für Importtelefone mit der Anschlussbelegung, die in *Abb. 4.8* dargestellt ist. Die Anschlussbelegung sollte auf der Verpackung abgedruckt sein.

3. Weiterhin im Handel erhältlich sind (sozusagen Bausätze für) TAE-Stecker zum Selbstbasteln einer Anschlussleitung. Hierzu benötigt man einen Lötkolben und etwas Geschick. Man benutzt die beim Importgerät mitgelieferte Leitung und lötet nach der Vorgabe von *Abb. 4.8* oben den TAE-

Stecker an einer Seite der Leitung dran. Auf die Signale W und E kann bei heutiger Technologie verzichtet werden.

Egal für welche Methode man sich entscheidet, zu beachten ist lediglich, dass an dem Western-Stecker, der am Importtelefon angeschlossen wird, La und Lb auf den mittleren Kontakten liegen, also so, wie es in *Abb. 4.8* oben dargestellt ist. Die schon angesprochenen Probleme bei AWADo-Schaltungen, zusätzlichen Weckern oder Telefonanlagen kann man auch mit einer anderen Anschlussleitung nicht beheben, weil die Ursache hier beim Gerät liegt und nicht bei der Anschlussleitung.

Anschlussleitungen mit N-Kodierung
Endgeräte mit einer N-kodierten Anschlussleitung sind an einem analogen Telefonanschluss häufig einem Telefon an der gleichen TAE-Dose vorgeschaltet. Hier stellt sich nun die Frage, warum beide Geräte an *einer* TAE-Dose betrieben werden können. Zur Erklärung wird dies zunächst einmal grafisch am Beispiel eines Faxgeräts gezeigt (siehe *Abb. 4.9*).

Aus der Beschaltung der TAE-Dose erkennt man, dass beim Einstecken des TAE-N-Steckers des Faxgeräts La und Lb in der TAE-Dose nicht mehr an den F-Anschluss geschaltet sind. Das würde bedeuten, dass das Telefon vom Netz getrennt sein müsste. Diese Schaltung ist jedoch von der Telekom für ein Faxgerät und ein Telefon vorgesehen. La und Lb müssen somit *vom Faxgerät*, wenn dieses nicht online ist, wieder zur TAE-Dose zurückgeleitet werden. Damit dies geschieht, muss ein Faxgerät eine Eingangsschaltung haben, wie sie

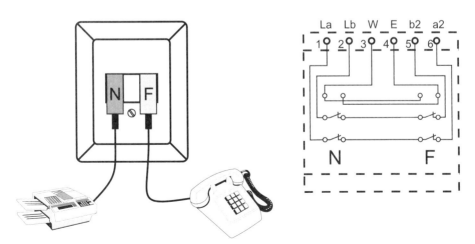

Abb. 4.9: TAE-NF-Dose mit zwei Endgeräten und Dosenschaltung

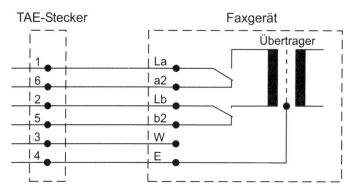

Abb. 4.10: Eingangsschaltung eines Faxgeräts

in *Abb. 4.10* dargestellt wird. Weiterhin muss natürlich die Belegung der Anschlussleitung stimmen.

Solange das Faxgerät nicht online ist, werden La und Lb über die gezeigten Schalter (siehe *Abb. 4.10*) auf die Kontakte 5 und 6 des TAE-Steckers und somit zurück zur TAE-Dose geleitet. Beim Abheben des Hörers am Telefon merkt man eigentlich gar nicht, dass hier noch ein Gerät vorgeschaltet ist. Wenn das Faxgerät die Leitung übernimmt, z.B. weil man diesem einen Faxauftrag gegeben hat, werden La und Lb auf den Übertrager des Faxgeräts geschaltet und das Telefon dahinter ist „tot". Man kann also ein Faxgerät und ein Telefon an der gleichen Leitung betreiben. Das Telefon ist nur in der Zeit „stillgelegt", in der das Faxgerät online ist, mit anderen Worten, wenn es die Leitung übernommen hat.

Die meisten N-kodierten Geräte besitzen eine zumindest ähnliche Eingangsschaltung, wie sie in *Abb. 4.10* dargestellt ist.

Aus der gezeigten Eingangsschaltung eines „Nicht-Telefons" geht hervor, dass N-kodierte Anschlussleitungen mindestens vieradrig sein müssen. Manchmal sind auch fünf oder alle sechs Kontakte des TAE-N-Steckers belegt.

Die Signale La und Lb müssen also bei „Nicht-Telefonen" immer durch die Geräte durchgeschleift und zur TAE-Dose zurückgeführt werden, damit La und Lb für das nächste Gerät in der Reihe wieder zur Verfügung stehen. Für Telefone gilt dies nicht. Nach einem Telefon darf und kann kein weiteres Gerät mehr betrieben werden. Der Grund dafür ist, dass man Gespräche dann abhören könnte.

Zu Beginn dieses Kapitels wurde bereits erwähnt, dass es unterschiedliche Anschlussbelegungen bei „Nicht-Telefonen" gibt. Sehen wir uns zunächst die Be-

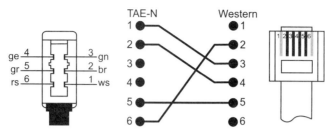

Abb. 4.11: N-kodierte Anschlussleitung für ein Modem einer deutschen Firma

legung einer Anschlussleitung an, wie sie bei Modems einer deutschen Firma mitgeliefert wird (siehe *Abb. 4.11*).

Die Signale La und Lb werden zu den mittleren Kontakten des Western-Steckers geführt. Von den Kontakten 2 und 5 des Western-Steckers geht es dann wieder zurück zu den Kontakten 6 und 5 des TAE-Steckers. Unter Umständen kann man diese Leitung auch für Anrufbeantworter oder Faxgeräte verwenden. Es gibt aber keine Garantie dafür, dass es funktioniert, weil die Belegung der Western-Buchse am Endgerät anders sein könnte. Mein Faxgerät zum Beispiel würde mit der Anschlussleitung, wie sie in *Abb. 4.11* gezeigt wird, nicht funktionieren. Die Belegung der Anschlussleitung meines Faxgeräts ist in *Abb. 4.12* dargestellt.

Sicherlich gibt es noch ein paar andere Belegungen für N-kodierte Anschlussleitungen. Wie bereits erwähnt, ist es hier am besten, wenn zu einem Gerät eine TAE-Anschlussleitung mitgeliefert wird. Wenn man zu einem bestimmten Gerät keine Anschlussleitung besitzt, heißt das Zauberwort „Ausprobieren". Ausprobieren heißt hier nicht nur probieren, ob das Gerät selbst funktioniert, sondern auch, ob andere Geräte, die dahinter angeschlossen sind, noch funktionieren. Bei N-kodierten Geräten müssen La und Lb wieder auf die Kontakte 5 und 6 der TAE-Dose zurückgeführt werden.

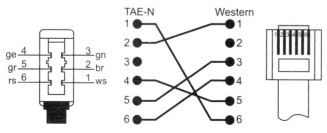

Abb. 4.12: N-kodierte Anschlussleitung für ein Faxgerät einer fernöstlichen Firma

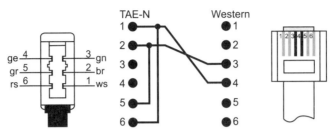

Abb. 4.13: N-kodierte Anschlussleitung für ein beliebiges Zusatzgerät

Die in *Abb. 4.13* dargestellte Anschlussleitung ist zwar nicht im Sinne des Erfinders, aber man ist damit von der Eingangsschaltung der „Nicht-Telefone" weitgehend unabhängig.

Ich bin kein Befürworter solcher Anschlussleitungen. Wenn man ein Faxgerät oder ein Modem mit einer solchen Anschlussleitung anschließt und während einer Datenübertragung den Hörer des Telefons abhebt, sind die Signale der Übertragung zu hören. Beim Abheben oder Auflegen des Hörers kann es dabei zu Übertragungsfehlern kommen. Warum sollte man während einer Faxübertragung den Hörer abheben, werden Sie jetzt vielleicht fragen. Es kann ja sein, dass jemand anderes, der von der Übertragung nichts weiß, weil er in einem anderen Raum ist, den Hörer abhebt, antworte ich darauf.

Universalanschlussleitung
Bei den Recherchen für dieses Buch habe ich auch einmal die Anschlussleitung meines alten Modems durchgemessen. Diese Anschlussleitung habe ich damals in einem Elektronikgeschäft gekauft, sie wurde also nicht beim Kauf des Modems mitgeliefert. Auf der Verpackung stand Universalanschlussleitung für alle (wahrscheinlich alle *importierten*) Endgeräte. Ein Vergleich mit der Belegung einer Anschlussleitung für Telefone von der Telekom zeigt, dass die Anschlussleitung dort nicht funktionieren kann (siehe *Abb. 4.7*). Bei meinem Faxgerät würde sie auch nicht funktionieren (siehe *Abb. 4.12*). Nun, bei meinem Modem funktionierte sie und bei vielen anderen N-kodierten Geräten wird sie vermutlich ebenfalls ihren Dienst tun. Die Belegung ist in *Abb. 4.14* dargestellt.

Bei näherem Hinsehen stellt man fest, dass der TAE-Stecker der Universalanschlussleitung keine „Nase" hat, was bedeutet, dass er sowohl in N-kodierte, als auch in F-kodierte Buchsen von TAE-Dosen passt. Dies erklärt auch den Namen Universalanschlussleitung. Natürlich kann man sich mit einer gewöhnlichen Feile aus einem N-kodierten oder F-kodierten Stecker einen Universal-

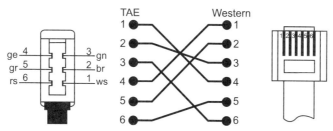

Abb. 4.14: Anschlussbelegung einer „Universalanschlussleitung"

stecker bauen, aber besser ist es sicherlich, wenn man die Kodierung beibehält. Mit anderen Worten: Es ist sinnvoller, eine andere Dose einzubauen, als zu feilen.

Wie bereits erwähnt, liegen La und Lb bei den meisten Importgeräten auf den mittleren Kontakten des Western-Steckers. Wenn sonst keine Signale benötigt werden, funktioniert diese Anschlussleitung tatsächlich universell, also für Importtelefone und auch für Modems oder Faxgeräte. Wie es aussieht, wenn man nach einem Faxgerät (oder einem Modem) noch ein Telefon an die gleiche Leitung anschließt, hängt davon ab, ob das Faxgerät (bzw. das Modem) La und Lb wieder auf den Klemmen 2 und 5 des Western-Steckers zurückführt. Nur dann stehen nämlich La und Lb wieder an den Kontakten 5 und 6 der TAE-Dose für weitere Endgeräte zur Verfügung.

Der ursprünglich Zweck der Kodierung bei Telefonanschlüssen geht durch solche Universalanschlussleitungen und andere universelle Anschlusseinheiten natürlich immer mehr verloren. In diesem Zusammenhang: Ich habe auch schon Anschlussdosen gesehen, die als TAE-NFN-Dosen verkauft wurden und bei denen die beiden „N-Buchsen" sowohl die Nut für die N-Kodierung, als auch für die F-Kodierung hatten. Die mit N gekennzeichneten Buchsen waren also U-kodiert (siehe *Abb. 3.2*). Das bedeutet, dass man in die „N-Buchsen" die TAE-Stecker von allen denkbaren analogen Endgeräten einstecken kann.

Ich möchte nochmals hervorheben, dass bei der Anschlussleitung für ein beliebiges Zusatzgerät (siehe *Abb. 4.13*) bzw. bei der Universalanschlussleitung (siehe *Abb. 4.14*) die Signale La und Lb auf die mittleren Kontakte des Western-Steckers geführt werden. Sie können diese Anschlussleitungen also nicht für ein deutsches Telefon verwenden (vergleiche Belegung der Western-Stecker in *Abb. 4.7*).

4.3 Adapter und Verlängerungsleitungen

Adapter gibt es in allen möglichen Variationen. Es gibt sie zum Beispiel als

- Western-Stecker mit TAE-Buchse (siehe *Abb. 4.15* oben),
- TAE-Stecker mit Western-Buchse (siehe *Abb. 4.15* unten),
- TAE-F-Stecker mit TAE-NFN-Anschlussgruppe sowie als
- TAE-Stecker mit TAE-NFN-Anschlussgruppe und Western-Buchse.

Statt einen Adapter von TAE-Stecker auf TAE-NFN zu verwenden, kann man auch die Dose austauschen, was vom Preis her kaum einen Unterschied macht.

Abb. 4.15: TAE-Western-Adapter

Was im Zusammenhang mit Adaptern besprochen wurde, gibt es auch als Leitung. So gibt es zum Beispiel Leitungen mit Western-Stecker auf der einen Seite und TAE-Buchse auf der anderen Seite. Weiterhin bekommt man auch ganz gewöhnliche Verlängerungsleitungen, sprich TAE-Stecker auf der einen Seite und TAE-Buchse auf der anderen Seite. Für Telefone gibt es auch Kabeltrommeln, die denen für das Stromnetz gleichen, nur eben mit TAE-Stecker und TAE-Buchse statt Schukostecker und Steckdose.

5 Endgeräte

In diesem Kapitel werden die analogen Endgeräte und deren Besonderheiten beschrieben. Außerdem wird gezeigt, wie man die Geräte ans Telefonnetz anschließt.

5.1 Telefone

Entwicklung im Laufe der Zeit

Zunächst ein paar Worte zur geschichtlichen Entwicklung des Telefons. Fangen wir einmal in der Nachkriegszeit an. Im Jahre 1948 war das Telefonmodell, das in *Abb. 5.1* gezeigt wird, der letzte Schrei.

Das W48 wurde übrigens bereits 1936 von der Firma Siemens entwickelt. Im Jahre 1963 wurde das W48 von diesen grauen, hässlichen Apparaten verdrängt, an die sich die etwas älteren Menschen wohl noch erinnern können. Ab 1972 kam dann Farbe ins Spiel. Zwar waren es immer noch die gleichen Apparate, aber jetzt in rot, grün oder orange. Ab 1977 gab es von der damaligen Post dann die ersten Tastentelefone. Ab Mitte der 1980er Jahre kamen die ersten Modelle auf den Markt, die von der Form her etwas ansprechender waren. In *Abb. 5.2* wird das Modell DALLAS aus dem Jahre 1985 gezeigt.

Abb. 5.1: W48, der Klassiker (rechts die elfenbeinfarbene Exklusivausgabe)

Abb. 5.2: Modell DALLAS

Das DALLAS hatte im Hörer ein beleuchtetes Tastenfeld. Außerdem bot es bereits den Komfort der Wahlwiederholung. Während der Wecker der zuvor genannten Modelle noch mechanisch funktionierte, hatte das DALLAS einen elektronischen Signalgeber. Dies ist wohl auch der Grund für die kleinere Bauform. Die Glocken in den alten Telefonen benötigten eine Menge Platz.

Trotz des Tastenfelds unterstützte das DALLAS (zumindest das Modell aus dem Jahre 1985) keine Tonwahl. Eine spezielle Elektronik wandelte die Tastatureingaben so um, als hätte man mit einer Wählscheibe Impulse erzeugt. Erst seit etwa 1990 werden keine Tastentelefone ohne die Möglichkeit der Tonwahl mehr hergestellt. Die heutigen Telefone für den analogen Anschluss unterstützen entweder beide Wahlverfahren oder nur noch Tonwahl.

Durch das Ende des Monopols der Deutschen Bundespost in Bezug auf die Telefone kamen immer mehr Telefonapparate aus USA und aus Fernost in die deutschen Läden. Dadurch war die Post praktisch gezwungen, mehr Komfort anzubieten. Ein gutes Beispiel für ein komfortables, einheimisches Telefon aus dieser Zeit ist das Modell MODULA aus dem Jahre 1990 (siehe *Abb. 5.3*).

Das MODULA unterstützte Tonwahl und Impulswahl. Es hatte einen eingebauten Lautsprecher zum so genannten Lauthören und ein zusätzliches Mikro-

Abb. 5.3: Modell MODULA

fon zum Freisprechen. Beim *Freisprechen* braucht man den Hörer zum Telefonieren überhaupt nicht mehr abzuheben. Weiterhin konnte man bis zu 20 Telefonnummern im MODULA speichern und es besaß ein Display zum Anzeigen der gewählten Rufnummer, der Tarifeinheiten und anderer Statusinformationen. Als weitere Leistungen wären zu nennen, dass man die Melodie des Weckers einstellen konnte, dass man den Apparat absperren konnte, dass man eine Nummer als Babyruf programmieren konnte usw. Beim Babyruf (auch Direktruf) wählt das Telefon eine zuvor eingegebene Nummer, sobald man den Hörer abhebt und irgendeine Taste drückt. Das kann sogar ein Kleinkind, das vielleicht abends alleine zu Hause ist.

Ebenfalls Anfang der 1990er Jahre zogen Funktelefone auf dem Markt ein. Oft werden die Geräte als schnurlose Apparate bezeichnet (ich habe zu dieser Terminologie bereits in Abschnitt 4.2 meine Meinung kundgetan). Ein Funktelefon besteht aus einer Basisstation, die mit dem Stromnetz und dem Telefonnetz verbunden wird, und einem Hörer, der mit der Basisstation per Funk kommuniziert. Die Reichweite ist bei allen Modellen in etwa gleich, sie beträgt ca. 50 m in Gebäuden und ca. 300 m im Freien. Bei etwas älteren Geräten funktionierte die Funkübertragung analog. Dies brachte unter Umständen Rauschen mit sich. Heutige Funktelefone verwenden ein digitales Verfahren zur Kommunikation zwischen Hörer und Basisstation. Die digitale Übertragung ist praktisch rauschfrei, sehr gut verständlich und weitgehend abhörsicher. Für

Funktelefone und Telefonanlagen mit digitaler Übertragung gibt es einen europäischen Standard, der als DECT[1] bezeichnet wird. Dem DECT aufgesetzt ist häufig das Funkprotokoll GAP[2]. Sie finden diese beiden Bezeichnungen bei den Leistungsmerkmalen (z.B. auf der Verpackung) von Funktelefonen.

Wie bei den Funktelefonen, so gibt es auch bei den so genannten schnurgebundenen Modellen technische Neuerungen. Es gibt Telefone mit sprachgesteuerter Menüführung oder Apparate mit Wahlvorbereitung und Korrekturmöglichkeit. Bei der Wahlvorbereitung gibt man die Nummer ein, bevor man den Hörer abhebt. Wenn man sich vertippt hat, kann man dies direkt korrigieren und muss nicht, wie dies früher nötig war, den Wählvorgang abbrechen und erneut von vorne beginnen.

Mit den Telefonen der heutigen Generation können die Leistungsmerkmale des digitalen T-Net wie Rufumleitung, Makeln, Dreierkonferenz usw. auf einfache Weise genutzt werden. Mit Standardtelefonen funktioniert dies mit Hilfe der Hook-Flash-Funktion (der Begriff wird in Kapitel 9 näher erläutert) und über spezielle Tastenkombinationen. Etwa seit dem Jahre 2000 gibt es Apparate, die für diese Leistungsmerkmale vorgesehene Tasten oder Menüpunkte besitzen. Dies gab es vorher nur bei ISDN-Telefonen. Neben Rufumleitung, Makeln und Dreierkonferenz kann ein „Rückruf bei Besetzt" initiiert werden, es kann die Rufnummer (oder sogar der Name) eines Anrufers angezeigt werden, noch bevor man den Hörer abhebt, und vieles mehr.

Mit der neusten Telefongeneration können nun auch SMS-Nachrichten, ähnlich wie bei Handys, von einem „normalen" Telefonanschluss aus empfangen und weggeschickt werden. Dies ist mit dafür vorgesehenen Telefonen seit 2001 möglich.

Auf die genannten Leistungsmerkmale und auch auf *SMS im Festnetz* werde ich in Kapitel 9 dieses Buches noch näher eingehen.

Eingangsschaltung eines Telefons und Funktionen der W- und E-Ader
Vom neuesten Stand der Technik nochmals zurück zu den Apparaten, die eine mechanische Klingel hatten. Eine solche Klingel würde beim Impulswahlverfahren auf die Impulse beim Wählen reagieren, wenn sie nicht während des Wählvorgangs abgeschaltet wäre. Aus dieser Tatsache ergab sich die Notwendigkeit des W-Signals, das benötigt wurde, um einen zusätzlichen Wecker anzuschließen. Auf die Dauer wäre es sicherlich sehr störend gewesen, wenn bei

---

1. DECT: Digital European Cordless Telecommunication
2. GAP: Generic Access Profile

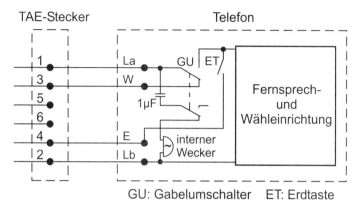

GU: Gabelumschalter   ET: Erdtaste

Abb. 5.4: Eingangsschaltung eines älteren Telefons der Deutschen Post

jedem Wählvorgang irgendwo ein relativ lauter Wecker mitgeläutet hätte. Schauen wir uns einmal die Eingangsschaltung eines älteren Telefons an (siehe *Abb. 5.4*).

Im gezeigten Zustand liegt der Hörer auf der Gabel, die beiden Gabelumschalter (GU) liegen also auf den unteren Kontakten. Auf Kontakt 3 (W-Ader) des TAE-Steckers und somit der TAE-Dose liegt La an. Das W-Signal ist also lediglich La bei aufliegendem Hörer. Weiterhin wird La auf den internen Wecker des Telefons geleitet. Der Rufstrom von der Vermittlungsstelle bringt den Wecker dann zum Läuten. Falls ein externer Wecker an den Klemmen 3 und 2 angeschlossen ist, läutet dieser auch (siehe *Abb. 5.5*). Sobald man den Hörer abhebt, wird La auf die Fernsprech- und Wähleinrichtung geschaltet. Am W-Anschluss liegt dann nichts mehr an und der interne Wecker des Telefons ist dann nicht mehr am Netz. Dies hört sich nun so an, als würde der Wecker nur deshalb nicht mehr läuten, weil er weggeschaltet wurde. Wenn man jedoch den Wecker nicht vom Netz schalten würde, würde er auch nicht mehr läuten. Der Wecker reagiert auf den Rufstrom, der ja beim Aufbau einer Verbindung von der Vermittlungsstelle ausgeschaltet wird.

Sowohl externe Wecker (diese wurden früher an den Klemmen 3 und 2 der TAE-Dose angeschlossen), als auch der interne Wecker, waren weggeschaltet, sobald der Hörer abgenommen wurde. Der einzige Grund, warum man einen zusätzlichen Wecker nicht einfach an La und Lb angeschlossen hat, war, dass mechanische Wecker auf die Impulse des Impulswahlverfahrens reagieren. Beim Wählen der 8 würde dabei der Klöppel des Weckers achtmal gegen die Glocke schlagen. Bastler, die schon mehrere Telefone mit mechanischen Weckern parallel geschaltet haben, kennen dies. Fazit: Dadurch, dass beim Abheben des Hörers der Wecker weggeschaltet wurde, konnte er beim Wählen nicht mitläuten.

Die heutigen elektronischen Wecker läuten beim Wählen mit Impulsen nicht mit und beim Tonwahlverfahren läutet sowieso kein Wecker mehr mit. Die W-Ader ist also überflüssig geworden und wird deshalb, wie bereits erwähnt, von den meisten neueren Telefonen überhaupt nicht mehr zur Verfügung gestellt. Lediglich zum Betreiben einer (heute auch nicht mehr üblichen) AWADo-Schaltung wird die W-Ader noch benötigt. AWADo-Schaltungen werden in Kapitel 7 beschrieben.

Aus *Abb. 5.4* wird auch die Funktion der Erdtaste deutlich. Beim Drücken der Erdtaste (diese ist an heutigen Telefonen nicht mehr vorhanden) wurde La auf Erde geschaltet. Das E-Signal wurde früher bei Telefonanlagen zur Amtsholung benötigt, heute geschieht dies mit einer anderen Technik. Also auch das E-Signal ist heutzutage überflüssig geworden, sofern das Telefon nicht an einer älteren Telefonanlage angeschlossen ist.

Einstellen und Umschalten des Wahlverfahrens
Wahrscheinlich gibt es in Deutschland noch sehr viele Telefone, bei denen das Impulswahlverfahren eingestellt ist. Dies liegt daran, dass bis vor einigen Jahren beim Kauf eines Telefons das Impulswahlverfahren voreingestellt war oder manchmal auch heute noch voreingestellt ist. Das Impulswahlverfahren arbeitet zwar langsamer, aber es wird von jedem analogen Telefonanschluss in Deutschland unterstützt. Stellen Sie sich einmal vor, Sie hätten 1996, als noch nicht alle Vermittlungsstellen digitalisiert waren, ein Telefon gekauft, hätten dies angeschlossen und es wäre beim Wählen keine Verbindung aufgebaut worden. Mit hoher Wahrscheinlichkeit hätten Sie das Telefon als angeblich defekt zurückgebracht und wären nicht auf die Idee gekommen, das Wahlverfahren von Tonwahl auf Impulswahl umzustellen. Es machte also bis Ende 1997 schon Sinn, dass das Impulswahlverfahren bei neuen Telefonen voreingestellt war. Wie kann man das Wahlverfahren aber nun umstellen?

Zunächst müssen wir hier unterscheiden zwischen:

- Umschalten des Wahlverfahrens und
- Einstellen des Wahlverfahrens.

Beim *Umschalten* des Wahlverfahrens wird von einem Wahlverfahren auf das andere umgeschaltet, wobei diese Einstellung nur bis zum nächsten Auflegen des Hörers erhalten bleibt. Dies kann z.B. von Vorteil sein, wenn das Telefon standardmäßig auf Impulswahl stehen soll, weil die hausinterne Telefonanlage das Tonwahlverfahren nicht unterstützt, und man einen Anrufbeantworter per Tonwahl abhören will. Man wählt dann per Impulswahl den Anrufbeantworter an, schaltet während des Gesprächs auf Tonwahl und kann dann so die Steuersignale für den Anrufbeantworter eingeben. Beim nächsten Abheben des Hörers ist dann automatisch wieder das Impulswahlverfahren eingestellt. Wenn das Telefon ein Display hat, wird das eingestellte Wahlverfahren evtl. auch angezeigt. Für Impulswahl steht im Display ein Piktogramm mit Rechteck-Impulsen, für Tonwahl sind es Noten.

Dieses temporäre Umschalten des Wahlverfahrens funktioniert bei den meisten Telefonen mit folgender Tastenkombination:

- SET-Taste drücken
- Stern-Taste drücken
- SET-Taste drücken

Sollte dies bei Ihrem Telefon nicht funktionieren, schauen Sie in der Bedienungsanleitung nach.

Beim *Einstellen* des Wahlverfahrens bleibt die Einstellung erhalten. Falls Ihr Anschluss es erlaubt und falls Ihre Endgeräte dies unterstützen, sollten Sie Ihr(e) Telefon(e), falls noch nicht geschehen, auf Tonwahl umstellen (der einzige Grund, warum es der Anschluss nicht erlauben sollte, ist der, dass Sie eine alte Telefonanlage betreiben, die keine Tonwahl unterstützt). Der Verbindungsaufbau funktioniert dann schneller und außerdem können die Leistungsmerkmale des Telefonnetzes nur per Tonwahl genutzt werden. Wie das Wahlverfahren bei Ihrem Telefon eingestellt wird, entnehmen Sie bitte der Bedienungsanleitung zum jeweiligen Gerät. Eine globale Vorgehensweise gibt es hier nicht. Die entsprechende Prozedur ist meistens auch relativ aufwendig und logisch nicht immer nachvollziehbar. Bewahren Sie deshalb die Bedienungsanleitung zu Ihrem Telefon gut auf. Als Beispiel will ich die Prozedur nennen, mit der man das MODULA dauerhaft von Impulswahl auf Tonwahl umstellen kann:

- SET-Taste drücken
- 1 drücken
- 1590 wählen
- Wahlwiederholungstaste drücken
- 037 wählen
- SET-Taste drücken.

Sie stimmen mir sicherlich zu, wenn ich behaupte, dass man dies nicht durch Ausprobieren herausfindet.

Mit dieser Prozedur lassen sich übrigens viele Telefonmodelle der Telekom (bzw. der damaligen Post) auf Tonwahl umstellen. Sollten Sie zu einem „Telekom-Telefon" also keine Bedienungsanleitung besitzen, probieren Sie diese Vorgehensweise einmal aus. Falls sie nicht zum Erfolg führt, können Sie im Internet unter `www.telekom.de/faq` nachschauen. Geben Sie als Suchbegriff den Typ Ihres Telefons ein. Die Bedienungsanleitungen zu den meisten Telekom-Geräten können Sie sich vom Internet-Server der Telekom (`www.telekom.de`) als PDF-Datei downloaden. Falls Sie keinen Internetzugang haben, rufen Sie die technische Hotline der Telekom an (01805/1990). Für alle Telefone und andere Geräte, die von der Telekom vertrieben werden oder vertrieben wurden, erhalten Sie dort Informationen.

Die Funktion der R-Taste

Neuere Tastentelefonen besitzen eine Taste, auf der ein „R" für Rückfrage steht (rechte, untere Taste in *Abb. 5.3*). Diese R-Taste hieß früher Erdtaste, heute wird sie Rückfragetaste oder auch Signaltaste genannt.

Die R-Taste kommt bei Nebenstellenanlagen oder bei der Nutzung der Leistungsmerkmale (Anklopfen, Makeln, Dreierkonferenz usw.) mit einem herkömmlichen Telefonanschluss zum Einsatz. Kenntnisse über die Funktion der R-Taste sind also für Sie dann von Bedeutung, wenn Sie Ihr Telefon an einer Telefonanlage betreiben möchten oder die Leistungsmerkmale des Telefonnetzes nutzen wollen.

Die R-Taste kann mit zwei bzw. drei verschiedenen Funktionen belegt sein. Bei Impulswahl ist die R-Taste (wie früher) eine Erdtaste. Beim Drücken wird also eine Verbindung zur Klemme 4 der TAE-Dose hergestellt (siehe *Abb. 5.4*). Bei Mehrfrequenzwahl kann die R-Taste ebenfalls auf Erde schalten oder es wird beim Drücken ein *Flash* erzeugt. Was ist denn das jetzt schon wieder? Ein Flash (engl. für Blitz) ist eine kurze Unterbrechung (ca. 80 ms) der Verbindung. Dadurch gibt man einer Telefonanlage bekannt, dass man mit ihr kommunizieren will, z.B., weil man einen Teilnehmer weiterverbinden will oder weil man auf das Amt geschaltet werden möchte um ein Externgespräch zu führen. Der Vorteil dieser Technik ist also, dass man bei Telefonanlagen auf die Installation einer E-Ader verzichten kann. Ein Flash wird von den meisten Telefonanlagen als solcher erkannt, wenn die Unterbrechung zwischen 60 ms und 100 ms dauert.

Was macht man, wenn man ein altes Telefon wie das W48 an einer Telefonanlage betreiben will, für die man z.B. zum Weiterverbinden einen Flash erzeugen muss? Theoretisch könnte man einen Flash manuell erzeugen, indem man für 80 ms den Hörer auflegt. Das schafft man aber nicht, 80 ms sind zu kurz. Aber es gibt eine Möglichkeit, die sehr erfolgversprechend ist: man wendet den *Flash-Trick* an. (Vielleicht lasse ich mir diesen Trick und auch den Ausdruck einmal patentieren.) Schauen wir uns dazu nochmals *Abb. 1.5* an. Beim Impulswahlverfahren wird beim Wählen jeder Ziffer doch so etwas ähnliches erzeugt wie ein Flash. Und in der Tat, bei den meisten Telefonanlagen kann man im Impulswahlverfahren einen Flash dadurch erzeugen, dass man die Eins wählt. Ich werde auf diesen Flash-Trick im Zusammenhang mit Telefonanlagen noch zu sprechen kommen. Er ermöglicht es in den meisten Fällen, viele Leistungsmerkmale einer modernen Telefonanlage mit jedem alten Telefon zu nutzen. Voraussetzung ist lediglich, dass die Telefonanlage das Impulswahlverfahren unterstützt. Ich kann zwar nicht garantieren, dass der Flash-Trick bei allen Telefonanlagen, die Impulswahl unterstützen, funktioniert, aber es hat bei allen Anlagen funktioniert, bei denen ich es ausprobiert habe, und das waren schon einige.

Bei elektronischen Telefonen, z.B. dem MODULA, kann man also einstellen, ob die Signaltaste einen Flash erzeugen oder auf Erde schalten soll. Solche Dinge kann man der Bedienungsanleitung zum jeweiligen Telefon entnehmen. Bei der Bedienungsanleitung des MODULA steht dies im Abschnitt „Einstellen des Wahlverfahrens".

Weiter oben habe ich die Prozedur zum Einstellen des Wahlverfahrens beim MODULA beschrieben. Die Kodenummer 037 bedeutet Mehrfrequenzwahlverfahren und Signaltaste mit Flash-Funktion, 036 würde bei Mehrfrequenzwahl die Signaltaste als Erdtaste belegen. Bei Bedienungsanleitungen zu anderen Telefonen habe ich die Beschreibung zur Einstellung der Funktion der R-Taste auch schon im Abschnitt „Betrieb an einer Telefonanlage" gesehen.

Bei den meisten „neueren" Apparaten (ab 1994) kann man die R-Taste auch für die Hook-Flash-Funktion programmieren. Der Hook-Flash (auch langer Flash) wird in Kapitel 9 erklärt.

5.2 Zusätzliche Wecker

Einen zusätzlichen Wecker benötigt man unter anderem in Räumen mit größerer Umgebungslautstärke, z.B. in Werkshallen.

Gehen wir zunächst von einem mechanischen Wecker aus, der beim Wählen im Impulswahlverfahren mitläuten würde (siehe Abschnitt 5.1). Ein solcher Wecker wurde an Klemme 3, also an das W-Signal, und an Klemme 2, also an Lb, angeschlossen. Der Installationsplan wird in *Abb. 5.5* gezeigt.

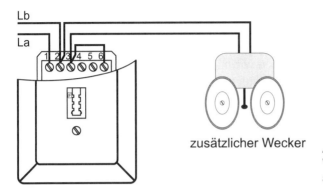

zusätzlicher Wecker

Abb. 5.5: Zusätzlicher
Wecker über die W-Ader
angeschlossen

Damit der zusätzliche Wecker bei aufliegendem Hörer geläutet hat, musste er, wie jedes andere Endgerät auch, an La und Lb angeschlossen sein. Dies war der Fall, weil vom Telefon bei aufliegendem Hörer La ja auf Klemme 3 geschaltet wurde (siehe *Abb. 5.4*). Die Brücke von Klemme 6 auf Klemme 3 wurde gelegt, damit der zusätzliche Wecker auch dann klingelte, wenn kein Telefon eingesteckt war. In dem Fall wurde nämlich in der Dose La auf Klemme 6 durchgeschaltet (siehe *Abb. 3.3*) und somit lag der Wecker auch dann zwischen La und Lb, wenn kein Telefon angeschlossen war.

Bei einer Schaltung mit mehreren TAE-Dosen wurde eine dritte Ader für das W-Signal an der Klemme 3 einer jeden TAE-Dose angeschlossen. Die Brücke zwischen Klemme 3 und Klemme 6 wurde an der letzten TAE-Dose in der Reihe installiert (siehe *Abb. 5.6*).

Wie bereits erwähnt, wurde der ganze Aufwand mit dem W-Signal nur betrieben, weil ein mechanischer Wecker beim Wählen im Impulswahlverfahren mitgeläutet hat. Heute sind die (zusätzlichen) Wecker von elektronischer Art und das Impulswahlverfahren wurde durch das Tonwahlverfahren ersetzt. Die Verwendung einer W-Ader ist unnötig geworden. Importtelefone und auch die meisten neueren Telefone der Telekom stellen das W-Signal überhaupt nicht mehr zur Verfügung. Wenn Sie ein neues Telefon an der in *Abb. 5.6* gezeigten Anlage betreiben, funktioniert der zusätzliche Wecker überhaupt nicht. Warum beschreibe ich dann diese Technik? Nun, ich wollte auf die gezeigte Installation eingehen, weil es in Deutschland noch viele Anschlüsse gibt, bei denen die TAE-Dosen genau so angeschlossen sind. Fernmeldetechniker haben TAE-Anlagen früher standardmäßig so installiert, auch wenn kein zusätzlicher Wecker montiert wurde. Falls bei Ihrem Anschluss an den TAE-Dosen eine Ader auf Klemme 3 aufgelegt ist, wissen Sie jetzt, dass diese nicht mehr benötigt wird und evtl. für andere Zwecke genutzt werden kann.

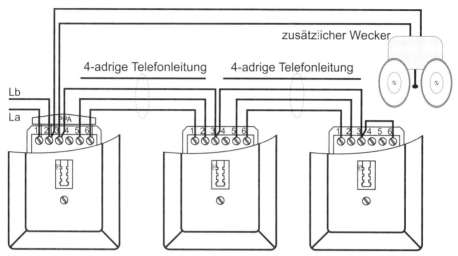

Abb. 5.6: TAE-Anlage mit angeschlossener W-Ader und zusätzlichem Wecker

Heute wird ein zusätzlicher Wecker einfach parallel zum Telefon geschaltet. Die Elektronik des Weckers reagiert nur auf den Rufton von der Vermittlungsstelle und nicht, wie mechanische Wecker, auf die Impulse beim Wählen. Bei der Plug&Play[1]-Installationsvariante wird der Wecker mit einer mitgelieferten Anschlussleitung in eine N-kodierte Buchse einer TAE-Dose gesteckt. La und Lb werden dabei durch den Wecker durchgeschleift und zu den Klemmen 5 und 6 des N-kodierten Steckplatzes der TAE-Dose zurückgeführt, so dass die Signale für ein nachfolgendes Telefon zur Verfügung stehen. Bei der Klemmenmontage wird der Wecker einfach mit La und Lb verbunden (siehe *Abb. 5.7*).

5.3 Faxgeräte

In diesem Abschnitt will ich nicht nur auf das Faxgerät selbst eingehen, sondern auch auf ein paar Grundlagen zum Thema Faxen.

Ein Blatt in ein Faxgerät zu legen, eine Telefonnummer einzugeben und den Startknopf zu drücken, bedarf im Allgemeinen keiner näheren Erläuterung. Um jedoch die Einstellungen bei der Inbetriebnahme eines Faxgeräts vorzunehmen, sind ein paar grundsätzliche Kenntnisse über das Faxen nötig.

---

1. Plug&Play, sinngemäß „Einstecken und Loslegen". Ein Konzept, das es erlaubt, elektronische Geräte anzuschließen und diese zu nutzen, ohne sie konfigurieren zu müssen. Mit Plug&Play-Installation ist hier gemeint, dass die Endgeräte nur mit Anschlussleitungen, also nicht mittels Klemmen und Installationsleitungen, miteinander verbunden sind.

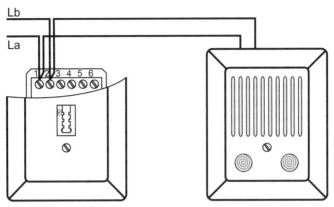

Abb. 5.7: Installation eines zusätzlichen elektronischen Weckers

Abb. 5.8: Typisches Faxgerät

Prinzipielle Funktion

Fax ist die Abkürzung für Facsimile (getreue Abbildung). Man spricht auch von Telefax oder Fernkopie(rer). Beim Versenden einer Telefax-Nachricht wird der Inhalt einer oder mehrerer beschriebener Seiten optisch „abgetastet" und in elektronische Daten umgewandelt. Optisches Abtasten bedeutet hier, dass das Blatt in einige Tausend kleiner Kästchen unterteilt wird (bei einem DIN-A4-Blatt etwa in 40.000) und ein Scanner dann feststellt, welches Kästchen schwarz und welches weiß ist. Die Daten, die man dadurch erhält, werden über die Telefonleitung übertragen und auf der Empfängerseite von einem Faxgerät umgewandelt und ausgedruckt oder von einem PC als Datei auf der Festplatte abgespeichert.

Beim Faxen werden also nicht, wie z.B. bei dem veralteten Telex, einzelne Zeichen eines Schriftstücks gesendet, sondern eine Vorlage wird originalgetreu abgelichtet und übertragen. Telex konnte nur einen Text übertragen, der vorher in ein Telexgerät eingegeben wurde. Beim Faxen ist es letztendlich egal, was auf der Seite steht, ob ein Bild oder ein Text, es wird einfach eine Kopie davon gemacht, die dann auf einem Faxgerät, das irgendwo auf der Welt steht, ausgegeben wird. Dies erklärt auch den Namen Fernkopierer.

Die Daten, die man beim Faxen durch das Abtasten erhält, sind mit Computerdaten vergleichbar. Ein Faxdokument wird Punkt für Punkt durch digitale Daten beschrieben. Ein Computer verwaltet auf die gleiche Art eine Bilddatei vom Typ BMP[1]. Das Übertragen von Telefax-Daten entspricht somit nahezu dem Filetransfer einer BMP-Datei.

Anschluss eines Faxgeräts an das Telefonnetz
Ein Faxgerät ist an einem analogen Telefonanschluss häufig einem Telefon an der gleichen TAE-Dose vorgeschaltet (siehe *Abb. 5.9*).

Wie in Abschnitt 4.2.2 bereits beschrieben, werden die Signale La und Lb vom Faxgerät wieder zur TAE-Dose zurückgeleitet, wenn das Faxgerät nicht online

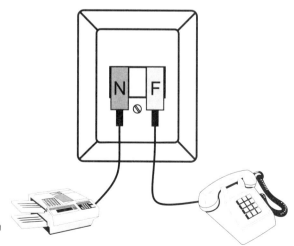

Abb. 5.9: Faxgerät und Telefon an einer TAE-Dose

---

1. BMP: BitMaP, ein (vorwiegend von Windows genutztes) Dateiformat für Bilder

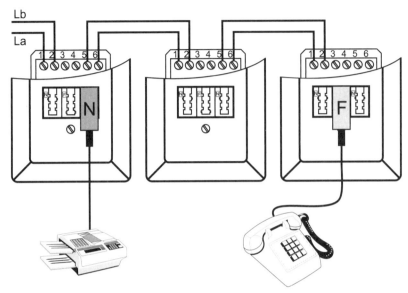

Abb. 5.10: Faxgerät und Telefon an verschiedenen TAE-Dosen

ist (siehe *Abb. 4.10*). Ein Faxgerät kann also zusammen mit einem Telefon an *einem* Telefonanschluss betrieben werden. Voraussetzung hierfür ist lediglich, dass die Eingangsschaltung des Faxgeräts und die Belegung der Anschlussleitung des Faxgeräts dafür vorgesehen sind.

Falls das Faxgerät und das Telefon nicht im gleichen Raum aufgestellt sind, können die Geräte auch an verschiedenen TAE-Dosen angeschlossen werden (siehe *Abb. 5.10*). Hierbei ist zu beachten, dass das Faxgerät (vom APL aus betrachtet) vor dem Telefon an der TAE-Anlage angeschlossen sein muss, weil das Telefon die Signale La und Lb nicht wieder zur TAE-Dose zurückführt.

Faxgeräte ohne eigene Wähleinrichtung

Bei älteren Faxgeräten war bzw. ist es immer noch nötig, dass man neben dem Faxgerät ein Telefon angeschlossen hat(te). Ältere Faxgeräte besitzen nämlich keine eigene Wähleinrichtung, also keine Zifferntasten. Das bedeutet für das Versenden einer Telefaxnachricht, dass man zunächst durch Wählen am Telefon die Verbindung zu einem anderen Faxgerät herstellen muss. Das Faxgerät „auf der anderen Seite" gibt sich dann mit einem sehr schrillen Ton zu erkennen. Sobald man diesen Ton hört, muss man am eigenen Faxgerät den Startknopf drücken. Das Gerät übernimmt dann die Leitung und die Faxübertragung beginnt.

Faxen während eines Telefongesprächs

Die Anwahl des fremden Anschlusses mit dem Telefon funktioniert natürlich auch bei neuen Faxgeräten, die eine eigene Wähleinrichtung haben. Sobald man den Startknopf drückt, übernimmt das Faxgerät die Leitung. Ob es dabei auf Senden oder auf Empfang gehen soll erkennt das Geräte daran, ob ein Original im Schacht liegt oder nicht. Wenn kein Blatt eingelegt ist, geht das Gerät auf Empfang.

Ich will jetzt erläutern, wie man während eines Gesprächs ein Fax verschicken und nach der Faxübertragung weitertelefonieren kann, ohne dabei die Verbindung zu unterbrechen. Wir gehen davon aus, dass beide Teilnehmer, die miteinander telefonieren, auch ein Faxgerät am gleichen Anschluss betreiben, oder ein kombiniertes Fax-Telefon haben. Während des Gesprächs soll jetzt ein Fax vom Teilnehmer A zum Teilnehmer B verschickt werden. Teilnehmer A legt das Original in sein Faxgerät und meldet bereit. Teilnehmer B drückt bei seinem Faxgerät auf den Startknopf. Da beim Teilnehmer B kein Original im Faxgerät liegt, weiß dieses, dass es ein Fax empfangen soll. Sofort nach Drücken des Startknopfes ist das Telefon von Teilnehmer B „tot" und Teilnehmer A hört das berühmte schrille Pfeifen. Teilnehmer A drückt sodann auch den Startknopf seines Faxgeräts. Hier liegt ein Original im Gerät, woraus das Gerät erkennt, dass es ein Fax senden soll. Nach dem Drücken des Startknopfes ist auch das Telefon von Teilnehmer A vom Netz getrennt und die beiden Faxgeräte kommunizieren miteinander. Nach der Faxübertragung legen beide Faxgeräte wieder auf, was bedeutet, dass die Leitung auf beiden Seiten wieder auf die Telefone geschaltet wird (siehe *Abb. 4.10*). Wenn nun während der Faxübertragung keiner der beiden Teilnehmer den Hörer aufgelegt hat, können sie nach der Faxübertragung einfach weitertelefonieren, sozusagen, als wäre nicht gewesen.

Faxabruf

Die meisten Faxgeräte unterstützen einen Faxabruf, auch wenn dies nicht explizit in der Bedienungsanleitung des Faxgeräts erwähnt ist. Faxabruf bedeutet, dass man sich ein Fax bei einem anderen Gerät abholt. Viele Firmen betreiben mit einem Faxabrufgerät einen Informationsservice, der für die Firmen selbst keine laufenden Kosten verursacht.

Wenn kein Blatt im Schacht liegt und man lässt das Faxgerät die Nummer eines Faxabrufgeräts wählen, bekommt man ein Fax, obwohl man derjenige war, der die Verbindung aufgebaut hat.

Faxgeräte an Telefonanlagen

Wenn Sie Ihr Faxgerät bisher an einem Hauptanschluss betrieben haben und dann an eine Nebenstelle einer Telefonanlage anschließen, kann es zu Problemen beim Versenden von Faxnachrichten kommen.

Faxgeräte sind im Auslieferungszustand meist für einen Hauptanschluss programmiert. Dies ist nicht verwunderlich, denn noch vor ein paar Jahren war es üblich, für den Faxanschluss eine eigene Leitung zu haben. Die meisten Faxgeräte haben eine Wähltonerkennung eingebaut. Diese Geräte wählen also erst dann, wenn sie einen Wählton von der Vermittlungsstelle bekommen. Bei einer Telefonanlage bekommt das Faxgerät aber keinen Wählton, wenn es an die Leitung geht. Fazit: Das Gerät meldet eine besetzte Leitung oder so etwas ähnliches und wählt deshalb nicht. Dieses Problem gibt es auch im Zusammenhang mit Modem- und Faxsoftware. Bei Software muss man dem Programm bekannt geben, dass es sich um einen Nebenstellenanschluss handelt. Danach hat man keine Probleme mehr. Wenn man dies dem Faxgerät bekannt gibt, wird man auch keine Probleme mehr haben. Bei Faxgeräten gestaltet sich die Programmierung in vielen Fällen jedoch schwieriger als bei PC-Software. Nicht etwa weil dies sehr kompliziert wäre, sondern weil in der Bedienungsanleitung älterer Faxgeräte oft nicht angegeben ist, wie man die Wähltonerkennung abschaltet. Diese Programmieranweisungen hat der Service-Techniker von der Firma, die solche Faxgeräte vertreibt. Dieser rückt die Anweisung häufig nicht raus, weil er ja schließlich Geld verdienen will. Meine Erfahrung zeigt, dass Hartnäckigkeit hier oft weiterhilft. Mir sind einige Fälle bekannt, bei denen die Kunden nach einigem Hin und Her die Programmieranweisung zum Konfigurieren des Faxgeräts für einen Nebenstellenanschluss vom Service-Techniker zugefaxt[1] bekamen.

Obwohl die Service-Techniker die Unterlagen gefaxt haben, waren sie der Meinung, dass man die Programmierung nicht selbst vornehmen könne, weil es zu kompliziert sei. Alle mir bekannten Personen, die dies selbst versucht haben, haben es jedoch hinbekommen. Manchmal mit Hilfe von Freunden, aber dies ist meistens günstiger als den Service-Techniker zu rufen.

Ganz unrecht haben die Service-Techniker aber nicht, denn aus der Sicht eines absoluten Laien sehen die Programmieranweisungen, vor allem von älteren Faxgeräten, häufig kompliziert aus. Falls Sie dieses Buch bis hier hin aufmerksam gelesen haben, dürfte Ihnen die Programmierung Ihres Faxgeräts aber kei-

---

1. Falls Sie ein Faxgerät mit Thermopapier haben, empfehle ich Ihnen bei Faxnachrichten, die sie über längere Zeit aufbewahren wollen, eine Kopie auf „echtes" Papier von diesem Fax zu machen. Lesen Sie dazu auch den Abschnitt „Drucktechnik".

ne Schwierigkeiten bereiten. Bei meinem Faxgerät musste ich zum Konfigurieren das Gehäuse öffnen und einen Jumper[1] umstecken. Anschließend musste ich die Einstellungen für den Betrieb an einer Telefonanlage und auch für das Wahlverfahren (bei dieser Gelegenheit habe ich das Faxgerät auch gerade von Impulswahl auf Tonwahl umgestellt) nach Vorlagen im Binärcode (nur Nullen und Einsen) eingeben. Dies ist wahrscheinlich einer der kompliziertesten Fälle. Schwierig erscheint dies nur, wenn man überhaupt nicht weiß, was eine Wähltonerkennung ist und wenn man mit den Ausdrücken Flash, Mehrfrequenzwahlverfahren usw. nichts anfangen kann.

Neuere Faxgeräte lassen sich über ein Menüsystem konfigurieren. Das Umstellen auf Mehrfrequenzwahl oder auf den Betrieb an einer Telefonanlage gestaltet sich bei diesen Geräten relativ einfach und übersichtlich.

Eventuelle Probleme mit dem Umprogrammieren des Faxgeräts beim Anschluss an eine Telefonanlage kann man umgehen, wenn die Telefonanlage für eine spontane Amtsholung programmiert werden kann. Ich werde in Kapitel 8 näher auf das Thema „spontane Amtsholung" eingehen.

Drucktechnik
Herkömmliche Faxgeräte benutzen für den Ausdruck Thermopapier auf Rollen. Diese Technik hat gewisse Vorteile: zum ersten benötigt man zum Drucken lediglich eine Wärmequelle und keine Tinte, kein Farbband, keinen Toner oder ähnliches. Dadurch kommt man mit sehr wenig Platz aus; Faxgeräte mit Thermopapier können also in sehr kleinen Gehäusen untergebracht werden. Außerdem entstehen, außer für das Thermopapier, keinerlei laufende Kosten. Ein wesentlicher Nachteil dieser Technik ist, dass spätestens nach zwei bis drei Jahren der Ausdruck auf dem Thermopapier so verblasst ist, dass man nichts mehr lesen kann. Wenn man an Dokumente denkt, die längere Zeit aufbewahrt werden müssen, wird dieser Nachteil deutlich. Neuere Geräte in gehobener Preisklasse drucken deshalb auf „echtes" Papier. Die Drucktechnik solcher Faxgeräte entspricht der eines Fotokopierers oder eines Laserdruckers. Die Geräte sind entsprechend größer als Thermopapier-Faxgeräte.

---

1. Jumper sind kleine Steckbrücken, mit denen (meist auf einer Platine) eine elektrische Verbindung hergestellt wird.

ITU-Empfehlungen für Faxgeräte
Zur Zeit gibt es vier ITU[1]-Empfehlungen für Faxgeräte; diese heißen Gruppe
1, 2, 3 und 4. Faxgeräte der Gruppe 1 und der Gruppe 2 sind heute ohne Bedeutung. Die Geräte der Gruppe 3 haben sich international durchgesetzt. Die
Gruppe 4 ist eine Empfehlung für ISDN-Faxgeräte.

Auflösung
Die Auflösung beim Abtasten einer Faxvorlage wird, wie bei Druckern oder
Scannern, in dpi[2] angegeben. Bei den meisten Faxgeräten der Gruppe 3 kann
man zwischen zwei verschiedenen Auflösungen wählen:

- Standardeinstellungen: 200 dpi horizontal und 100 dpi vertikal
- Feineinstellungen: 200 dpi horizontal und 200 dpi vertikal

Übertragungsparameter
Normalerweise wird ein Fax bei Gruppe 3-Geräten schwarz/weiß mit
200x100 dpi abgetastet. Will man nun Bilder übertragen, ist es nötig, für die
Übertragung mehrere Graustufen anzugeben und evtl. die Auflösung zu erhöhen.

Vor der Übertragung von Fax-Nachrichten kann man am Gerät oder in der Faxsoftware einige Parameter einstellen. Dies sind z.B. die Auflösung (Standard
oder fein), schwarz/weiß oder Graustufen und auch die Übertragungsgeschwindigkeit über die Telefonleitung.

Anmerken möchte ich noch, dass man mit manchen Faxprogrammen für den
PC auch farbige Faxdokumente versenden und empfangen kann.

Übertragungsgeschwindigkeit
Fax-Daten werden im so genannten Halbduplexbetrieb übertragen. Dabei können Daten zwar in beide Richtungen übertragen werden, aber nicht gleichzeitig. Diese Technik wird z.B. auch beim Funken verwendet. Wenn der Eine
spricht, kann der Andere nur zuhören. Aus diesem Grund war in den Anfängen
der Datenübertragung beim Faxen stets eine höhere Übertragungsgeschwindigkeit möglich als bei Modems (siehe Tabelle 5.1). Als man mit Modems
2400 Bit/s übertragen konnte, waren es bei Faxgeräten bereits 4800 Bit/s. Später folgte eine Geschwindigkeit von 7200 Bit/s und dann 9600 Bit/s. Heutige
Faxmodems und neuere Faxgeräte können nach der ITU-Empfehlung V.17 mit

---

1. Von der ITU (International Telecommunication Union) werden Empfehlungen, Standards
   und Normen in der Telekommunikationstechnik verwaltet (siehe Tabelle 5.1 in Abschnitt
   5.4).
2. dpi: dots per inch (Punkte pro Zoll)

14.400 Bit/s übertragen[1]. Dies funktioniert natürlich nur, wenn der Empfänger auch ein V.17-Fax-Modem oder -Faxgerät ist. Etwas ältere Faxgerät der Gruppe 3 unterstützen „nur" 9600 Bit/s. Faxgeräte der Gruppe 4 (ISDN) übertragen mit 64.000 Bit/s.

Beim Faxen mit Geräten der Gruppe 3 und der Gruppe 4 werden die Daten für die Übertragung komprimiert. Das bedeutet, dass Seiten, auf denen wenig steht, schneller übertragen werden, als vollgeschriebene Seiten. Faxvorlagen sollten aus diesem Grund keine Linien oder sonstige unnötige Grafiken enthalten. Schon gar nicht sollte man weiß auf schwarz übertragen. Für die Datenkomprimierung wird nämlich schwarze Schrift auf weißem Papier vorausgesetzt. Wenn man nun eine dunkle Vorlage hat, kann dies dazu führen, dass die Übertragung einer solchen Seite 10 bis 15 Minuten dauert. Bei dem gleichen Dokument schwarz auf weiß dauert die Übertragung etwa eine Minute.

Standardübertragung
Wenn man beim Versenden eines Faxdokuments keine Angaben macht, wird dieses mit Standardeinstellungen übertragen. Dabei wird ein Modus gewählt, der von beiden Faxgeräten unterstützt wird. In der Regel bedeutet dies bei Gruppe 3-Geräten 9600 Bit/s, schwarz/weiß-Modus (also keine Graustufen) und eine Auflösung von 200x100 dpi.

Handshake
Vor und nach der eigentlichen Faxübertragung tauschen die beiden Faxgeräte, die an der Kommunikation beteiligt sind, Informationen untereinander aus. Das funktioniert bildlich gesprochen etwa so:

Eine Verbindung wird aufgebaut und das Empfängergerät „hebt ab".

Empfängergerät: Ich bin „auf Draht".

Sendegerät: Ich will Dir was schicken, kannst Du 9600 Bit/s?

Empfängergerät: Ja.

Sendegerät: Meine Einstellungen sind 200x100 dpi, schwarz/weiß

Empfängergerät: OK, ich stelle mich darauf ein.

Sendegerät: Sag mir, wenn Du zum Empfang bereit bist.

Empfängergerät: Ich bin bereit.

---

1. Bei der neusten Faxmodem-Generation wird eine Übertragungsgeschwindigkeit von 28.800 Bit/s angegeben. Eine zugehörige ITU-Empfehlung konnte ich zum jetzigen Zeitpunkt (Juni 2004) noch nicht finden.

Das Sendegerät beginnt mit der Übertragung. Nach dem Senden einer Seite teilt das Empfängergerät dem Sendegerät mit, ob die Seite fehlerfrei übertragen wurde. Falls keine weitere Seite übertragen werden soll, wird die Verbindung beendet.

Diese Kommunikation zwischen den Geräten nennt man Handshake. Neben den eigentlichen Faxdaten werden folgende Statusinformationen übertragen:

- Vor der Übertragung einigen sich die Geräte auf eine Übertragungsgeschwindigkeit und eine Auflösung. Wenn am Sendegerät keine expliziten Angaben gemacht werden, wird mit Standardauflösung und mit maximal möglicher Geschwindigkeit übertragen.
- Am Schluss der Übertragung teilt der Empfänger dem Sender mit, ob alle Daten fehlerfrei empfangen wurden. Das Übertragungsprotokoll beim Faxen beinhaltet also auch eine Fehlererkennung.
- Wenn das Faxgerät entsprechend konfiguriert ist, druckt das Sendegerät nach der Übertragung einen Sendebericht, aus dem hervorgeht, ob die Übertragung gelungen ist (siehe weiter unten).

Kennung und Info-Text
Neben den Handshake-Signalen werden vor den eigentlichen Daten die so genannte Kennung des Senders und ein Info-Text übertragen.

Die Kennung ist in aller Regel die eigene Faxnummer, die dem Gerät bei der Inbetriebnahme einprogrammiert wird. Es hat sich hier eingebürgert, dass man die Faxnummer so eingibt, als wolle man das Gerät von den USA aus anrufen. Die Telefonnummer 06842/7380 wird also wie folgt angegeben: +49 6842 7380. Die 49 ist dabei die Länderkennzahl von Deutschland. Das Plus-Zeichen kann man etwa so interpretieren: Wähle die Vorwahl für internationale Gespräche (in USA z.B. 001, in Deutschland 00) *und* dann die folgende Nummer.

Der Info-Text wird ebenfalls bei der Inbetriebnahme des Faxgeräts bzw. der Fax-Software einprogrammiert. Er besteht aus einem Text, der in der Regel bis zu 40 Zeichen lang sein kann. Es ist üblich hier den eigenen Namen bzw. den Firmennamen anzugeben.

Kopfzeile
Die Kennung, der Info-Text, Datum und Uhrzeit der Übertragung sowie Anzahl der Seiten und die aktuelle Seitenzahl werden (bei vielen Faxgeräten) auf dem empfangenen Fax in einer Kopfzeile vor den eigentlichen Daten ausgedruckt. Man erkennt daraus dann direkt, von wem das Fax gesendet wurde und

wie dessen Faxnummer ist. Kennung und Info-Text stehen natürlich nur dann in der Kopfzeile, wenn diese beim Sender einprogrammiert wurden.

Sendebericht
Über den Empfang und das Versenden von Faxen wird Protokoll geführt. Bei Faxgeräten kann man, je nach Gerät, die Daten der letzten 10 bis 20 (begrenzte Speicherkapazität) gesendeten und empfangen Faxe abrufen; beim PC werden alle Vorgänge in eine Datei geschrieben. Dabei werden folgende Daten abgespeichert:

- Datum und Uhrzeit der Übertragung
- Dauer der Übertragung (in Minuten und Sekunden)
- Anzahl der Seiten
- einige Statusinformationen (Übertragung gelungen, wenn fehlerhaft warum usw.)
- Faxnummer und evtl. Kennung und Info-Text beim Sendegerät
- Kennung und evtl. Info-Text beim Empfangsgerät.

Das Faxgerät druckt je nach Einstellung nach jedem oder auch nach jedem zehnten Sendevorgang einen Sendebericht. Der Sendebericht enthält Statusinformationen zur Übertragung. Man bekommt eine Bestätigung (OK-Vermerk im Sendebericht), wenn eine Faxnachricht beim Empfangsgerät fehlerfrei angekommen ist. Ein Fax ist deshalb vom Status her eigentlich vergleichbar mit einem Einschreiben. Nach einen Gerichtsurteil des VIII. Zivilsenats des Bundesgerichtshofs vom 7. Dezember 1994 (AZ: VIII ZR 153/93) wird ein Fax jedoch nicht als ein solches anerkannt. In diesem Urteil heißt es: „Ein OK-Vermerk im Sendebericht liefert allenfalls ein Indiz, rechtfertigt aber keinen Anscheinsbeweis für den Zugang der Faxnachricht." In diesem Zusammenhang gab es mehrere Gerichtsurteile, die im Internet über Suchmaschinen bei Eingabe des Aktenzeichens zu finden sind.

Verbindungskosten
Die Verbindungskosten zum Versenden einer Fax-Nachricht sind identisch mit denen eines Telefongesprächs der gleichen Länge. Je kürzer also die Übertragung, desto weniger Verbindungskosten fallen an.

Wenn Sie möglichst günstig übertragen wollen, beachten Sie die Hinweise bezüglich der Übertragungsgeschwindigkeit von Faxgeräten (siehe weiter oben) und senden Sie Ihr Fax dann, wenn das Telefonieren „billig" ist. Die meisten Faxgeräte kann man so programmieren, dass ein Fax zu einer bestimmten Uhrzeit (z.B. nachts) weggeschickt wird. Dabei legt man das Original in den dafür vorgesehenen Schacht und gibt eine Uhrzeit ein, anstatt die Übertragung sofort zu starten. In diesem Modus kann das Faxgerät selbstverständlich ankommende Faxnachrichten empfangen.

5.4 Modems

MODEM ist ein Kunstwort, zusammengesetzt aus MOdulator und DEModulator. Ich will auf die Bedeutung dieser Worte nicht näher eingehen.

Modems sind Geräte, die Computerdaten so umformen, dass diese über das Telefonnetz übertragen werden können. Die in diesem Abschnitt beschriebenen Modems dienen zum Anschluss eines Rechners an einen analogen Telefonanschluss. Es sind also ausdrücklich *nicht* die Modems gemeint, die für die DSL-Technologie verwendet werden. DSL-Modems werden in Kapitel 10 vorgestellt.

Im eigentlichen Sinne sind Modems keine Endgeräte (so ist das Kapitel 5 überschrieben), weil nach ihnen ja noch der Rechner kommt. Ich behandele jedoch das Gerät Modem in diesem Kapitel zusammen mit den anderen Kommunikationsgeräten.

Externe Modems
Externe Modems sind eigenständige Geräte und benötigen deshalb eine eigene Spannungsversorgung. Die Geräte werden über ein so genanntes Modemkabel an die serielle Schnittstelle des Rechners angeschlossen.

Interne Modems (Modemkarten)
Interne Modems nennt man auch Modemkarten, sie werden in den Rechner eingebaut. Die Betriebsspannung bekommt die Modemkarte vom Rechner.

Für die Betrachtungen bezüglich des Anschlusses an das Telefonnetz spielt es keine Rolle, ob es sich um ein internes Modem, also um eine Modemkarte handelt, oder um ein externes Modem. In den Grafiken, die weiter unten folgen, werden die Installationspläne zur besseren Übersicht am Beispiel eines externen Modems gezeigt.

Faxmodems
Modems, mit denen man auch Faxnachrichten per Computer wegschicken und empfangen kann, nennt man Fax-Modems. Dabei handelt es sich um ein normales Modem, das mit der Option Faxen erweitert wurde. Neuere Modems sind praktisch alle für Faxübertragungen geeignet.

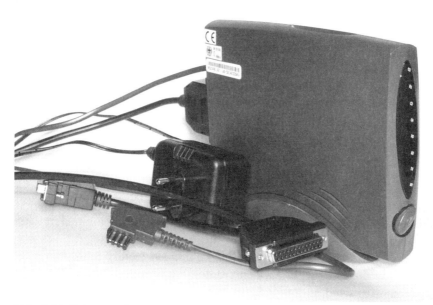

Abb. 5.11: Externes Modem

Anschluss eines Modems an das Telefonnetz

Die Eingangsschaltung am Telefonnetzanschluss sollte bei einem Modem einer deutschen Firma identisch sein mit der in *Abb. 4.10* gezeigten Eingangsschaltung von Faxgeräten. Und wenn die Eingangsschaltung eines Modems identisch ist mit der eines Faxgeräts, wird man ein Modem auch genauso anschließen wie ein Faxgerät (siehe *Abb. 5.12*).

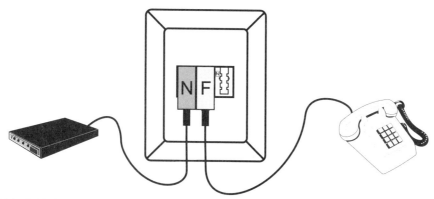

Abb. 5.12: Modem und Telefon an einer TAE-NFN-Dose

Ein Modem kann einem Telefon also vorgeschaltet werden. Warum auch soll man den Modemanschluss nicht zwischendurch zum Telefonieren nutzen? Außerdem kann man ein Modem auch als „Wählmaschine" einsetzen. Mit anderen Worten, man lässt das Modem eine im Rechner gespeicherte Nummer wählen und übernimmt die Leitung, sobald die Verbindung aufgebaut ist.

Sie haben Ihr Modem an einer N-kodierten Buchse angeschlossen und das Telefon an einer F-kodierten und Sie erhalten beim Abheben des Hörers keinen Wählton? Da sind Sie nicht der Einzige.

Die Eingangsschaltung vieler Modems (speziell bei Importgeräten) ist nicht so ausgelegt, wie es in *Abb. 4.10* für Faxgeräte gezeigt ist, wie sie also laut Telekom sein sollte. Dies führt dann zu alternativen Installationstechniken. Übrigens hat das nichts damit zu tun, ob ein Modem eine BZT-Nummer (siehe Abschnitt 2.1) hat.

Wir kriegen die Sache mit gleichzeitigem Betreiben von Modem und Telefon aber hin, vorausgesetzt, Ihr Modem (bzw. Ihre Modemkarte) hat *zwei* Western-Anschlüsse. In diesem Fall werden nämlich La und Lb, wenn das Modem nicht online ist, statt zur TAE-Dose, auf den zweiten Western-Anschluss geschaltet. Das Telefon wird dann so am Modem selbst angeschlossen, wie es in *Abb. 5.13* dargestellt ist.

Wenn die beiden Anschlussleitungen richtig belegt sind, sollte dies funktionieren. In *Abb. 5.13* wurde für das Telefon eine Anschlussleitung mit zwei Western-Steckern verwendet. Sollte das Telefon einen TAE-Anschlussstecker haben, kann man sich einen Adapter *Western-Stecker auf TAE-Dose* selbst bauen. Man nimmt dazu eine Leitung, die an einem Ende bereits einen Western-Stecker hat. Dieser wird dann am Modem eingesteckt. Auf der anderen Seite schließt man die Adern an den Klemmen 1 und 2 einer TAE-Dose an (siehe

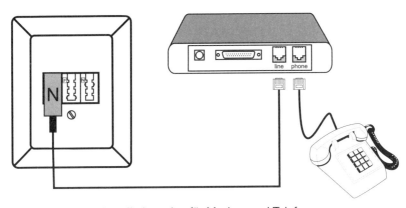

Abb. 5.13: Alternativer Installationsplan für Modem und Telefon

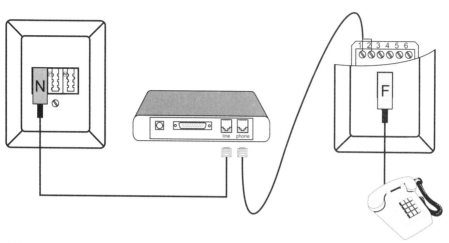

Abb. 5.14: Installationsplan für Modem und Telefon mit TAE-Dose fürs Telefon

Abb. 5.14). Hierbei ist natürlich noch die Frage der Anschlussbelegung des Western-Steckers am Modem zu klären. Bei einem Importgerät kann man davon ausgehen, dass die für das Telefon benötigten Signale beim Western-Anschluss des Modems auf den mittleren beiden Kontakten liegen.

Eine weitere Möglichkeit, die ich als sehr elegant erachte, ist in *Abb. 5.15* links dargestellt. Allerdings gibt es die dargestellte Anschlussleitung für das Modem meines Wissens nach nicht zu kaufen. Also wieder ein Tipp für Bastler: An bei-

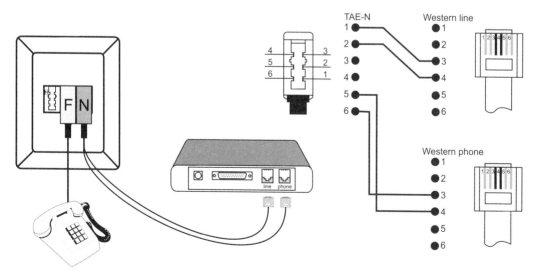

Abb. 5.15: Anschluss eines Modems mit einer individuellen Anschlussleitung

den Western-Steckern sind in der Regel die mittleren Kontakte belegt. Die beiden Adern für den linken Western-Stecker (line) werden mit den Kontakten 1 und 2 des TAE-N-Steckers verbunden und die Adern des rechten Western-Steckers (phone) mit den Klemmen 6 und 5 des TAE-N-Steckers (siehe *Abb. 5.15* rechts). Damit erreicht man praktisch den gleichen Effekt wie mit der Eingangsschaltung eines Faxgeräts (siehe *Abb. 4.10*), nämlich dass die Signale a und b wieder zur TAE-Dose zurückgeführt werden, wenn das Modem nicht online ist. TAE-Stecker zur Fertigung von individuellen Anschlussleitungen gibt es im Fachhandel zu kaufen. Man benötigt dazu allerdings einen Lötkolben.

ITU-Empfehlungen für Modems

Schnittstellen, Protokolle usw. müssen, wie in der Industrie üblich, einer Norm unterstehen. In der Telekommunikationstechnik spricht man meistens von Empfehlungen. Für Modems, Faxgeräte und Schnittstellen werden die ITU-T[1]-Empfehlungen zugrunde gelegt. Bei älteren Normen handelt es sich um die V.- und X.-Empfehlungen des am 1. Juli 1994 aufgelösten Komitees CCITT[2].

Die wichtigsten ITU-T-Empfehlungen für Modem- und Faxübertragungen sind in *Tabelle 5.1* zusammengefasst.

Tabelle 5.1: ITU-T-Empfehlungen für Datenübertragungen

Typ	ITU-T	Übertragungsgeschwindigkeit in Bit/s	Betriebsart
Modem	V.21	300	duplex
Modem	V.22	1200	duplex
Modem	V.22bis	1200, 2400	duplex
Modem	V.32	2400, 4800, 9600	duplex
Modem	V.32bis	9600, 12.000, 14.400	duplex
Modem	V.32terbo	16.800, 19.200 (von AT&T)	duplex
Modem	V.34	max. 28.800	duplex
Modem	V.34+	max. 33.600	duplex
Modem	V.90	max. 56.000 beim Empfang, 33.600 beim Senden	duplex
Modem	V.92	max. 56.000 beim Empfang, 44.000 beim Senden	duplex
Faxen	V.27ter	2400, 4800	halbduplex
Faxen	V.29	2400, 4800, 7200, 9600	halbduplex
Faxen	V.17	7200, 9600, 12.000, 14.400	halbduplex
ISDN	X.75	64.000	duplex

bis[3]   bedeutet, dass es sich um die 2. Version dieser Empfehlung handelt.
ter[4]   bedeutet, dass es die 3. Version dieser Empfehlung ist.

1. ITU-T: International Telecommunication Union-Telecom Standardization
2. CCITT: Comité Consultatif Intenational Télégraphique et Téléphonique
3. bis: französisch wörtlich: der/die/das Zweite
4. ter: französisch wörtlich: der/die/das Dritte

Anmerkung zu V.92: Neben einem schnelleren Verbindungsaufbau bei Internet-verbindungen und der höheren Uploadgeschwindigkeit gegenüber einem V.90-Modem, kann bei V.92 eine Modemverbindung von der Vermittlungsstelle gehalten werden, z.B. wenn während einer Online-Sitzung jemand anruft. Mit V.92 ist also Anklopfen, Rückfrage und Makeln möglich (diese Begriffe werden in Kapitel 9 noch erläutert). Dies funktioniert aber (natürlich) nur dann, wenn die Gegenstelle (z.B. ein Internetprovider) auch ein V.92-Modem besitzt. Denn nur dann kann überhaupt eine V.92-Verbindung hergestellt werden.

5.5 Anrufbeantworter

Ein Anrufbeantworter wird einfach an eine N-kodierte Buchse einer TAE-Dose angeschlossen. Die Eingangsschaltung von Anrufbeantwortern gleicht der eines Faxgeräts (siehe *Abb. 4.10*), d.h. wenn der Anrufbeantworter rangeht, ist das Telefon zunächst einmal „tot". Nun will man das ja aber so haben, dass man das Gespräch übernehmen kann, wenn der Anrufbeantworter läuft. Ich will ja niemandem unterstellen, er würde erst ans Telefon gehen, wenn man über den Lautsprecher des Anrufbeantworters hört, wer dran ist. Deshalb gehen wir einmal davon aus, dass man aus irgendwelchen Gründen indisponiert ist, während das Telefon klingelt. Der Anrufbeantworter geht ran und man will, während dieser seine Ansage abspielt oder der andere Teilnehmer seinen Spruch aufsagt, nun das Gespräch übernehmen. Nach der Schaltung, wie sie in *Abb. 4.10* für ein Faxgerät gezeigt wird, wäre das Telefon jedoch nicht am Netz, weil die Schalter auf den Übertrager umgeschaltet haben. Dies ist eigentlich auch so. Glücklicherweise überprüft aber ein Anrufbeantworter ständig, ob der Hörer des Telefons noch aufliegt. Sobald der Anrufbeantworter feststellt, dass der Hörer abgenommen wurde[1], schaltet er sofort La und Lb wieder zurück zur TAE-Dose und das Telefon ist wieder am Netz. Der Anrufbeantworter schaltet ab und man hat den anderen Teilnehmer an der Strippe.

Für den Fall, dass das Telefon nach dem Einstecken der Anschlussleitung des Anrufbeantworters in die TAE-Dose „tot" ist, besorgen Sie sich für den Anrufbeantworter eine Anschlussleitung, wie sie in *Abb. 4.13* dargestellt ist. Damit sollte es funktionieren, vorausgesetzt La und Lb liegen bei der Western-Buchse des Anrufbeantworters auf den mittleren Kontakten. Wenn Sie die in *Abb. 4.13* gezeigte Anschlussleitung verwenden, müssen Sie den Anrufbeantworter nach dem Abheben des Hörers evtl. manuell ausschalten.

---

1. Für die Techniker unter den Lesern: Dies funktioniert ganz einfach mit einen geringen Schleifenstrom über das Telefon.

5.6 Einheitenzähler

Einheitenzähler sind heute oft in Telefonen integriert (siehe Modell MODU-LA). Die Funktionsweise eines solchen Einheitenzählers will ich hier jedoch an Hand eines externen Geräts erklären. Dabei kann ich auch noch auf das Anschließen eines externen Einheitenzählers eingehen.

Externe Einheitenzähler

Da es sich hier um ein „Nicht-Telefon" handelt, besitzt ein externer Einheitenzähler einen N-kodierten TAE-Stecker. La und Lb werden einfach nur durch den Einheitenzähler durchgeschleift und wieder zu den Kontakten 5 und 6 der TAE-Dose zurückgeführt. Es gibt also keine solchen Schalter wie beim Faxgerät, beim Modem oder beim Anrufbeantworter (siehe *Abb. 4.10*). Wenn's diese Schalter nicht gibt, gibt's auch keine Probleme. Das Einstecken eines externen Einheitenzählers wird die Funktionalität eines dahinter angeschlossenen Telefons also nicht beeinflussen.

Zählimpulse

Die Übermittlung der Tarifeinheiten geschieht bei einem analogen Telefonanschluss mit Hilfe von kurzen 16 kHz-Impulsen. 16 kHz, also 16.000 Hz, liegt noch im Bereich der Frequenzen, die vom Mensch gehört werden können. In der Tat kann man diese Impulse auch wirklich hören, allerdings nur bei Importtelefonen. Bei deutschen Telefonen wird dieser Impuls vor dem Lautsprecher herausgefiltert. Die Zählimpulse werden vom Einheitenzähler ausgewertet und die Anzahl der Einheiten und/oder der Geldbetrag wird während des Gesprächs auf dem Display angezeigt. Auf Wunsch kann auch die Summe der Einheiten aller bisher geführten Gespräche (seit dem letzten Zurücksetzen des Geräts) angezeigt werden.

Anmerkung: Falls Sie ein Tarifmodell vereinbart haben, bei dem Ihre Telefongespräche minutengenau abgerechnet werden, zeigt Ihnen der Einheitenzähler nicht den Geldbetrag an, den Sie wirklich für ein Gespräch zahlen müssen. Dies liegt daran, dass sowohl der Einheitenzähler, als auch das System mit den Zählimpulsen auf Tarifeinheiten basieren (z.B. alle 90 Sekunden eine Einheit) und nicht auf minutengenaue Abrechnung.

Ihr Einheitenzähler zählt nicht?

Ganz egal, ob es sich um einen Einheitenzähler handelt, der in einem Telefon integriert ist oder um einen externen Einheitenzähler, beide können natürlich nur dann etwas zählen, wenn es etwas zum Zählen gibt. Die Übermittlung von

Zählimpulsen ist nicht im Grundpreis für einen Telefonanschluss enthalten (siehe *Abb. 9.3*). Mit anderen Worten: wenn man beim Telefonantrag nicht ausdrücklich die Übermittlung von Zählimpulsen beantragt hat, wird der Einheitenzähler auch nichts zu zählen haben. Die Übermittlung von Zählimpulsen kann jederzeit beantragt werden.

5.7 Nummernanzeiger

Seit der Digitalisierung der Vermittlungsstellen ist es möglich, die Nummer eines Anrufers (oder unter Umständen auch dessen Name) auf dem Display des Telefons des Angerufenen anzuzeigen, noch bevor dieser den Anruf annimmt. Bei ISDN ist das Standard. Seit Anfang 1998 ist dies aber auch mit einem herkömmlichen analogen Telefonanschluss möglich, wenn das Leistungsmerkmal „Anzeigen der Rufnummer des Anrufers" freigeschaltet ist (siehe *Abb. 9.3*). Man benötigt dazu entweder ein so genanntes CLIP[1]-fähiges Telefon oder einen separaten Nummernanzeiger.

Ein Nummernanzeiger, auch *Caller ID-Box* genannt, kostet etwa 20 Euro und ist im Elektronikfachhandel (z.B. Conrad Elektronik) oder im T-Punkt erhältlich. Das Gerät ist etwa so groß wie eine Zigarettenschachtel und besitzt einen N-kodierten TAE-Stecker zum Anschluss an das Telefonnetz. Die Installation ist also trivial.

Die in *Abb. 5.16* dargestellte Caller ID-Box zeigt im Ruhezustand das aktuelle Datum und die Uhrzeit an. Bei einem ankommenden Anruf wird im Display die Rufnummer des Anrufers angezeigt, vorausgesetzt natürlich, dass diese auch übermittelt wird. Das Gerät verfügt außerdem über eine Anrufliste. In dieser Anrufliste werden von den letzten zehn Anrufen die Rufnummern, das dazugehörige Datum und die jeweilige Uhrzeit angezeigt. Bei abgehenden Verbindungen werden, falls die Zählimpulse von der Vermittlungsstelle übermittelt werden, die Einheiten für das Gespräch angezeigt. Die Caller ID Box besitzt also auch einen integrierten Einheitenzähler.

An dieser Stelle noch ein Hinweis zum Anzeigen der Rufnummer bei einem analogen Telefonanschluss: Die Rufnummer des Anrufers wird zwischen dem ersten und dem zweiten Klingelton von der Vermittlungsstelle zum Angerufenen übertragen. Geräte wie Automatische Mehrfachschalter (AMS), Faxum-

---

1. Der Begriff *CLIP* wird in Kapitel 9 eingeführt. Es handelt sich dabei um ein Leistungsmerkmal von ISDN (siehe Abkürzungen im Anhang).

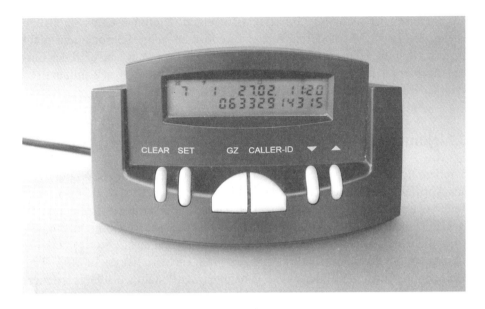

Abb. 5.16: Nummernanzeiger (Caller ID-Box)

schalter oder Telefonanlagen[1] leiten das Rufsignal der Vermittlungsstelle aber nicht einfach an die angeschlossenen Endgeräte weiter. Speziell Faxumschalter müssen den Anruf zunächst annehmen, um zu erkennen, ob es sich um einen Faxanruf oder um einen „normalen" Telefonanruf handelt. Erst dann läuten die angeschlossenen Telefone aufgrund eines Rufsignals, das vom Faxumschalter erzeugt wird. Dieses Rufsignal vom Faxumschalter enthält nun aber in der Regel (vor allem bei etwas älteren Geräten) nicht mehr die Information bezüglich der Rufnummer des Anrufers. Somit kann eine Rufnummernanzeige nach einem (älteren) Faxumschalter nicht funktionieren. Das Gleiche gilt für normale Umschalter (AMS), Telefonanlagen und Kombi-Geräte mit integriertem Faxumschalter. Auch bei diesen Geräten wird ein eigenes Rufsignal zu den Endgeräten gesendet, das die aufmodulierte Rufnummer des Anrufers nicht enthält. Dies gilt, wie bereits erwähnt, vor allem bei älteren Modellen.

5.8 Kombi-Geräte

Unter einem Kombi-Gerät (auch Multifunktionsgerät oder einfach Multi-Gerät) versteht man ein Endgerät, das aus mehreren Apparaten besteht. Das ein-

---

1. Automatische Mehrfachschalter, Faxumschalter und Telefonanlagen werden in den Kapiteln 7 und 8 beschrieben.

Abb. 5.17: Kombi-Gerät, hier Telefon mit integriertem Fax

fachste Beispiel ist ein Telefon mit Einheitenzähler. Hier haben wir eigentlich ja schon zwei Geräte in einem. Uns interessieren hier natürlich Geräte wie z.B. ein kombiniertes Telefon-Faxgerät (siehe *Abb. 5.17*).

Es gibt auch Fax, Anrufbeantworter und Telefon in einem Gerät. Statt drei Geräte hat man also nur noch ein Gerät herumstehen. Für Firmen sind solche Geräte unter Umständen keine gute Wahl. Das Faxgerät besitzt meistens keine eigene Schneidevorrichtung für das Papier, d.h. man muss nach jedem Fax das Blatt selbst abreißen. Oft kann man auch nur sehr kleine Faxpapierrollen benutzen. Außerdem hat man einen Ausfall von gleich drei Geräten, wenn dieses eine Gerät defekt ist.

Für den privaten Gebrauch sind solche Geräte gut geeignet und auch nicht zu teuer. Ein wesentlicher Vorteil, speziell was den Empfang von Faxen angeht, ist der, dass das Gerät automatisch den Anruf auf das richtige Endgerät leitet. Kommt also ein Fax rein, wird die Faxeinheit aktiviert, bei einem Telefonanruf klingelt zunächst das Telefon und nach einer voreingestellten Zeit übernimmt der Anrufbeantworter. Man benötigt also keine zwei Telefonnummern zum Betreiben von Fax und anderen Endgeräten. Auf die Frage, woher das Gerät weiß, dass es sich um einen Faxanruf handelt, werde ich in Abschnitt 7.3 näher eingehen.

Wegen der großen Ähnlichkeit von Faxgerät, Laserdrucker, Kopierer und Scanner hat man heute schon diese vier Geräte in einem verwirklicht. Sowohl beim Kopieren, als auch beim Ausdruck von Faxen oder von Dokumenten aus dem Rechner, wird die gleiche Druckeinheit aktiviert, die natürlich auf echtes Papier druckt. Die Erweiterung dieses Geräts mit integriertem Anrufbeantworter gibt es auch schon. Ein solches Multifunktionsgerät wird an das Telefonnetz und an den PC angeschlossen. Es stellt, zusammen mit einem Telefon und dem PC, eine komplette Büroeinrichtung dar.

6 Einfache TAE-Anlagen

In Kapitel 3 habe ich anhand von Beispielen schon gezeigt, wie man mehrere Geräte an das Telefonnetz anschließen kann. Hier soll dieses Thema nun noch vertieft werden.

Unter einer einfachen TAE-Anlage (siehe Kapitelüberschrift) verstehe ich einen Anschluss, bei dem keine „Zwischengeräte" wie automatische Umschalter oder Telefonanlagen verwendet werden. Die Installationen mit „Zwischengeräten" werden in den Kapiteln 7 und 8 beschrieben.

In der Regel wird man in einem Haushalt *einen* Telefonanschluss haben. Wir haben schon gesehen, dass, wenn man TAE-Dosen in Reihe schaltet und man am Anfang dieser Reihe ein Telefon einsteckt, die TAE-Dosen dahinter „tot" sind. Normalerweise will man jedoch an einem Anschluss alle Endgeräte so betreiben, dass man sie nicht vor dem Gebrauch zuerst irgendwo an eine TAE-Dose anschließen muss. Es sollen also einfach alle Geräte angeschlossen sein und auch funktionieren. Schauen wir uns zunächst die Installationspläne an, bei denen nur ein Telefon vorgesehen ist.

6.1 Mehrere Endgeräte, jedoch nur ein Telefon

Wenn mehrere Endgeräte an TAE-Dosen angeschlossen sind, muss das Telefon am Schluss der Reihe eingesteckt werden. Der Grund dafür wurde in Kapitel 3 bereits genannt. Geräte mit N-kodiertem Anschluss führen La und Lb wieder zu den Kontakten 5 und 6 der Anschlussbuchse zurück. In der TAE-Dose werden La und Lb dann an die Kontakte 1 und 2 der nächsten Anschlussbuchse weitergeführt. Bei Telefonen ist dies nicht der Fall, von ihnen werden La und Lb nicht wieder zurückgeführt. Man kann also beliebig viele N-kodierte Geräte an einem Telefonanschluss anschließen, jedoch nur *ein* Telefon, und dieses am Ende der Reihe. Nach dem Telefon sind die noch folgenden TAE-Dosen „tot".

In *Abb. 6.1* wird dargestellt, wie man mehrere Endgeräte an *einer* TAE-Dose anschließen kann.

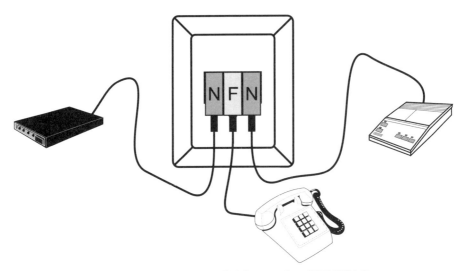

Abb. 6.1: Modem, Anrufbeantworter und Telefon an einer TAE-NFN-Dose

Es ist nicht nötig, dass alle Geräte an *einer* TAE-Dose angeschlossen werden. In *Abb. 6.2* wird gezeigt, wie man die Geräte an mehreren TAE-Dosen, die in Reihe geschaltet sind, anschließen kann.

Anmerkung zu *Abb. 6.1* und *Abb. 6.2*: In den Zeichnungen sieht es so aus, als wäre hier der Anrufbeantworter das letzte Glied in der Reihe. In dem Fall würde dieser nicht funktionieren, weil nach dem Telefon ja bekanntlich alle TAE-Steckplätze „tot" sind. Wenn Sie sich jedoch die interne Beschaltung einer TAE-NFN-Dose anschauen (siehe *Abb 3.7*), werden Sie feststellen, dass der Anrufbeantworter dem Telefon vorgeschaltet ist.

Nun, bis hier hin gibt es nichts Interessantes. Schauen wir uns also an, wie man mehrere Telefone an einem Anschluss betreiben kann.

6.2 Anschluss von mehreren Telefonen

Wenn man mehrere Telefone an *einem* Anschluss betreibt, darf immer nur ein Telefon zur gleichen Zeit am Netz sein. Alles andere wäre ein Verstoß gegen das Fernsprechgeheimnis, denn es könnte jemand unbemerkt ein Gespräch belauschen. Für den *ordentlichen* Betrieb von mehreren Telefonen bei einem Anschluss benötigt man deshalb einen automatischen Umschalter oder eine Telefonanlage. Mehr dazu in den Kapiteln 7 und 8.

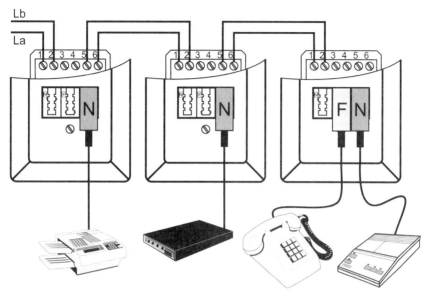

Abb. 6.2: Mehrere Geräte an verschiedenen TAE-Dosen

Die einfachste Möglichkeit, mehrere Telefone ohne zusätzliche Geräte so anzuschließen, dass alle funktionieren, ist auch zugleich eine illegale Methode.
Die Telefone werden einfach parallel geschaltet (siehe *Abb. 6.3*).

Telefone, die so angeschlossen sind, klingeln alle, wenn ein Ruf eingeht und
man kann das Gespräch an jedem Apparat annehmen. Während eines externen
Gesprächs kann ein Dritter den Hörer eines anderen Telefons abnehmen und
kann sich in einer Art Konferenz an dem Telefonat beteiligen. Nochmals aber
der Hinweis, dass man bei einer solchen Parallelschaltung unbemerkt be-
lauscht werden kann.

In *Abb. 6.4* wird gezeigt, wie man zwei Telefone parallel an einer TAE-NFF-
Dose betreiben kann. Dazu werden die Klemmen 1 und 2 der unteren Leiste
einfach mit den gleichnamigen Klemmen der oberen Leiste verbunden. Man
kann diese Möglichkeit zum Beispiel nutzen, um ein Funktelefon und ein „normales" Telefon zu betreiben. Der Übersicht halber wurde die Basisstation des
Funktelefons (an der natürlich die Anschlussleitung endet) hier weggelassen.

Wie in Abschnitt 3.1.2 bereits erwähnt, gibt es auch TAE-NFF-Dosen für *ein-
en* Telefonanschluss. Bei dieser Dosenart sind die beiden F-kodierten Anschlussbuchsen intern einfach parallel geschaltet. Die interne Beschaltung einer solchen TAE-NFF-Dose entspricht also der in *Abb. 6.4* gezeigten Verdrah-
tung, wobei die untere Klemmleiste einfach weggelassen wurde.

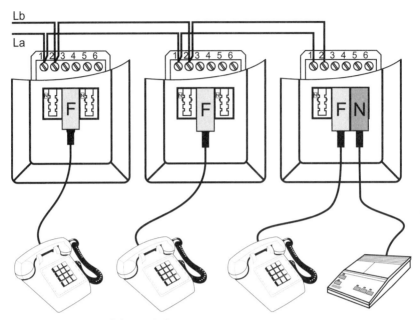

Abb. 6.3: Telefone, parallel geschaltet

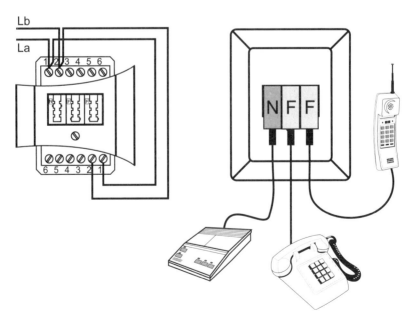

Abb. 6.4: Zwei Telefone an einer NFF-Dose parallel

In vielen Haushalten werden Telefone im *Do it yourself-Verfahren* auf die in *Abb. 6.3* gezeigte Weise angeschlossen und natürlich funktioniert es auch, vorausgesetzt, es werden nicht zu viele Telefone parallel geschaltet. Ich weise nochmals darauf hin, dass dies nicht den Bestimmungen entspricht.

Wenn man schon so etwas macht, wie Telefone parallel schalten, dann sollte man es nicht übertreiben und sollte bedenken, dass es dabei zu Störungen kommen kann. Bei zu vielen parallel geschalteten Telefonen kann es sein, dass die Telefone nicht mehr läuten, wenn ein Ruf eingeht. Der Rufstrom des Telefonnetzes ist nämlich begrenzt und reicht nicht für beliebig viele Wecker aus. Die Techniker bei der Telekom sind ja nicht auf den Kopf gefallen, die wissen auch, dass in vielen Haushalten Telefone parallel geschaltet sind. So lange aber alles funktioniert und man die Sache nicht übertreibt, wird dies stillschweigend geduldet.

7 Automatische Umschalter

Mit automatischen Umschaltern können zwei oder mehr Telefone (legal) an *einem* Anschluss betrieben werden. Die prinzipielle Funktionsweise eines Umschalters für zwei Telefone kann wie folgt beschrieben werden: Ein ankommender Ruf wird auf beiden Apparaten signalisiert, d.h., es läuten beide Telefone. Das Gespräch kann an beiden Apparaten entgegengenommen werden, dabei erhält der Teilnehmer das Gespräch, der als erster den Hörer abhebt. Der andere Apparat ist dann abgeschaltet. Das Gespräch kann zum anderen Apparat weitergegeben werden, indem ein weiterer Teilnehmer dort den Hörer abnimmt und der zur Zeit gesprächsführende Teilnehmer dann seinen Hörer auflegt. Zum Aufbau einer Telefonverbindung sind beide Telefone wahlberechtigt. Während auf einem Apparat telefoniert wird, bekommt man auf dem anderen Apparat den Besetztton, wenn man den Hörer abhebt. Interne Gespräche, wie bei Telefonanlagen, sind bei einem automatischen Umschalter nicht möglich.

7.1 Automatische Wechselschalter (AWADo)

Eine ältere Methode, zwei Telefone gleichzeitig zu betreiben, bot früher die so genannte AWADo. AWADo steht für *Automatische Wechselschalter-Anschluss-Dose*. Eine AWADo sieht äußerlich ähnlich aus wie eine normale TAE-F-Dose. Außer, dass auf der Rückseite der Dose AWADo draufsteht, erkennt man auch an einem Schaltersymbol in einem Kreis (siehe rechte Dose in *Abb. 2.4*), dass es sich um einen Wechselschalter handelt. Spätestens jedoch, wenn man eine AWADo aufschraubt, bemerkt man den Unterschied zu einer normalen TAE-Dose, weil sie mit Elektronik voll gepackt ist (siehe *Abb. 7.1*).

Zur Installation benötigt man die AWADo selbst und eine oder zwei normale TAE-Dose(n). Die einfachste Installation mit einer zusätzlichen TAE-Dose wird in *Abb. 7.2* gezeigt. Die Schaltung funktioniert genauso, wie es zu Anfang dieses Kapitels beschrieben ist. Zur Steuerung bzw. Umschaltung wird bei AWADo-Schaltungen die W-Ader verwendet.

Abb. 7.1: Innenleben einer AWADo

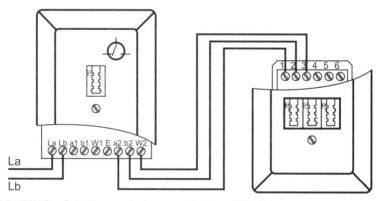

Abb. 7.2: AWADo-Schaltung mit einer zusätzlichen TAE-Dose

Der Installationsplan einer AWADo-Schaltung mit zwei zusätzlichen TAE-Dosen wird in *Abb. 7.3* gezeigt. Es muss also nicht die AWADo selbst als eine der zwei Anschlussdosen für die Wechselschaltung benutzt werden. Es ist aber auch nicht so, wie es zunächst den Anschein hat, dass dies eine Wechselschaltung für drei Apparate darstellt. Sobald man nämlich Telefon 1 in die AWADo selbst ein-

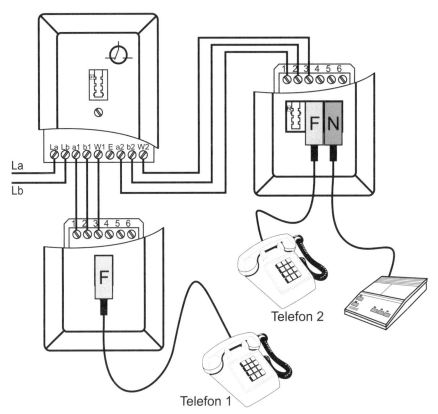

Abb. 7.3: AWADo-Schaltung mit zwei zusätzlichen TAE-Dosen

steckt, ist die TAE-Dose, in der in der Zeichnung Telefon 1 eingesteckt ist, abgeschaltet. Hier kann man sich also aussuchen, wo man Telefon 1 einstecken will, bzw. kann es auch je nach Situation umstecken. Im übrigen funktioniert die Schaltung analog zu der mit *einer* zusätzlichen TAE-Dose. Beide Apparate läuten, dort, wo zuerst der Hörer abgenommen wird, geht das Gespräch hin usw.

Anmerkungen zu AWADos:

1. Bei manchen AWADo-Versionen kann man mit einer Steckbrücke oder einem Schalter einem Teilnehmer Vorrechte erteilen. Sobald man dann an dem bevorrechtigten Apparat abhebt, ist der andere weggeschaltet, auch wenn dort gerade telefoniert wird. Im Auslieferungszustand wird eine solche Bevorrechtigung normalerweise nicht eingestellt sein.

2. Die erste AWADo-Generation war empfindlich bezüglich einer a/b-Vertauschung. Wenn La und Lb vertauscht waren, funktionierte die Schaltung

nicht. Sollten Sie also noch eine der ersten AWADos haben und diese funktioniert nicht, kann es evtl. daran liegen. Vertauschen Sie in diesem Fall einfach die beiden Adern La und Lb.

Das Funktionsprinzip einer AWADo war eigentlich gut durchdacht. Störend war aber, dass zur Steuerung der AWADo das W-Signal benötigt wurde. Dies bedeutete zusätzliche Installationen und setzte voraus, dass man Telefone benutzt, die das W-Signal auch zur Verfügung gestellt haben. Bei Importtelefonen wurde das W-Signal noch nie verwendet. Zum ersten sieht die Eingangsschaltung von Importgeräten dies nicht vor und zum zweiten haben deren Anschlussleitungen meistens nur zwei Adern. Aber auch die heutigen Telefone, die Sie bei der Telekom beziehen können, stellen das W-Signal nicht mehr zur Verfügung. Heutige Umschalter kommen ohne die W-Ader aus. Sie heißen Automatische Mehrfachschalter (AMS) und werden in Abschnitt 7.2 beschrieben.

Bevor wir aber zum nächsten Abschnitt kommen noch ein paar Zeilen dazu, warum ich AWADos hier überhaupt angesprochen habe, obwohl sie eigentlich nicht mehr zeitgemäß sind. AWADos werden zwar nicht mehr hergestellt, sind aber in vielen Haushalten noch vorzufinden. Bis vor ein paar Jahren war dies die einzige kostengünstige Möglichkeit, mehrere Telefone an einem Anschluss zu betreiben. Alles funktioniert so wie man es sich vorstellt, bis man ein neues Telefon anschließt. Plötzlich passieren komische Sachen, die, wie wir jetzt wissen, mit der W-Ader zusammenhängen. Probleme treten vorwiegend bei Importtelefonen oder beim Betreiben von Modems auf. Nachdem jetzt klar ist, wo die Probleme herkommen, kann man sie auch beseitigen. Der einfachste Weg ist wohl der, die AWADo-Schaltung durch eine AMS-Schaltung zu ersetzen.

7.2 Automatische Mehrfachschalter (AMS)

Automatische Mehrfachschalter gibt es in den unterschiedlichsten Ausführungen. Vorstellen will ich hier den AMS 1/2. Der Zusatz 1/2 bedeutet, dass man an einem Anschluss zwei Geräte betreiben kann. Im Fachhandel ist auch ein AMS 1/4 für vier analoge Anschlüsse erhältlich. Je nach Ausführung des Geräts sind damit auch interne Gespräche (wie bei einer Telefonanlage) möglich.

In *Abb. 7.4* wird der Installationsplan eines AMS 1/2 mit zwei zusätzlichen TAE-Dosen gezeigt. Das Funktionsprinzip ist das Gleiche wie bei der in *Abb. 7.3* gezeigten AWADo-Schaltung, jedoch wird hier die Ader für das W-Signal nicht benötigt.

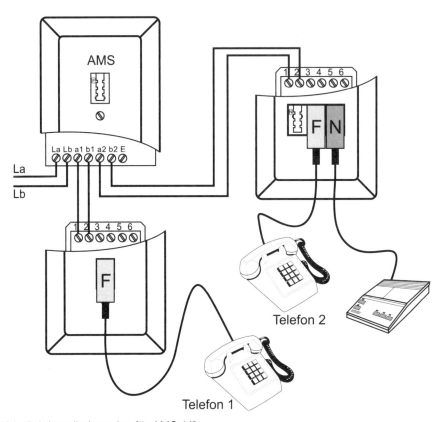

Abb. 7.4: Installationsplan für AMS 1/2

In *Abb. 7.5* wird ein AMS 1/2 als NFF-Ausführung gezeigt. Der AMS 1/2-NFF wird mit einer N-kodierten Anschlussleitung an einer betriebsbereiten TAE-Dose angeschlossen. Man hat also keinen Installationsaufwand (Plug&Play-Variante).

Äußerlich entspricht dies dem Beispiel mit dem Funktelefon der in *Abb. 6.4* gezeigten Parallelschaltung. Hier erhält jedoch nur der Teilnehmer das Gespräch, der als erster den Hörer abnimmt. Das andere Telefon ist dann abgeschaltet. Es ist also die legale Variante z.B. für den Betrieb eines „normalen" Telefons und eines Funktelefons an *einer* Dose bei *einem* Telefonanschluss.

Anmerkung zum AMS: Die Rufnummernanzeige wird bei einem CLIP-fähigen Telefon (siehe Kapitel 9), das an einem älteren AMS angeschlossen ist, nicht funktionieren (lesen Sie hierzu auch den Abschnitt 5.7). Auch bei einem neueren AMS ist dies nicht immer gewährleistet. Wenn die Rufnummernan-

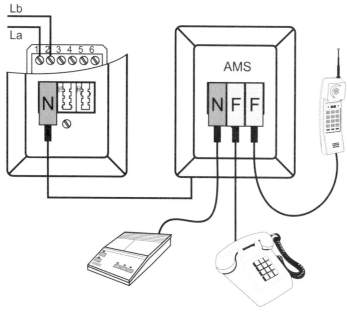

Abb. 7.5: AMS 1/2 als NFF-Dose

zeige nicht funktioniert, können Sie mit einem SMS-fähigen Telefon auch keine SMS-Nachrichten empfangen. Achten Sie beim Kauf eines AMS deshalb auf dessen Leistungsmerkmale.

7.3 Automatische Faxumschalter

Das Betreiben eines Faxgeräts und eines anderen Endgeräts am gleichen Telefonanschluss führt zu einem kleinen Problem: Wenn das Faxgerät auf automatischen Empfang eingestellt ist, übernimmt es jeden eingehenden Anruf, gleichgültig, ob es sich um einen Fax- oder um einen Telefonanruf handelt. Ein Anrufer hört dann statt einem freundlichen „Hallo" den schrillen Ton des Faxgeräts im Hörer. Wenn man das Faxgerät auf manuellen Empfang einstellt, muss man bei einem Faxanruf zu Hause sein und das Gerät durch einen Tastendruck aktivieren. Auf diese Weise ist man nicht ständig per Fax erreichbar und dies ist in der Regel kein zufriedenstellender Zustand. Man benötigt also ein Gerät, welches bei einem ankommenden Anruf erkennt, ob es sich um einen Telefonanruf oder um einen Faxanruf handelt. Wenn dies erkannt ist, soll der Anruf automatisch auf das entsprechende Endgerät geschaltet werden. Genau dies ist die Funktion eines automatischen Faxumschalters. Da hier noch ein bisschen mehr dahintersteckt, will ich auf den folgenden Seiten etwas näher auf die Funktion, die Vor- und Nachteile und auf Problematiken von Faxumschaltern eingehen.

Automatische Faxumschalter sind als separate Geräte erhältlich, oder sie sind in einem Faxgerät oder in einem Telefon/Fax-Kombigerät bereits integriert. Ich will hier das eigenständige Gerät Faxumschalter beschreiben und nicht das in einem Kombigerät eingebaute Modul, obwohl beide natürlich auf die gleiche Weise funktionieren.

Es gibt von verschiedenen Firmen die unterschiedlichsten Ausführungen von externen Faxumschaltern. Stellvertretend soll hier eine Variante beschrieben werden, die zugleich die Funktionen eines AMS 1/2 erfüllt, bei dem man also zwei Telefone anschließen kann.

Installation eines Faxumschalters
In *Abb. 7.6* wird ein Faxumschalter bei geöffnetem Gehäuse gezeigt. Die linke Anschlussleitung dient der Spannungsversorgung, mit der anderen wird der Faxumschalter an das Telefonnetz angeschlossen. Man erkennt in der Mitte des Geräts drei TAE-Steckplätze für eine Plug&Play-Installation (siehe *Abb. 7.7*) und rechts unten eine Klemmleiste für eine Klemmeninstallation mit einer

Abb. 7.6: Innenleben eines Faxumschalters

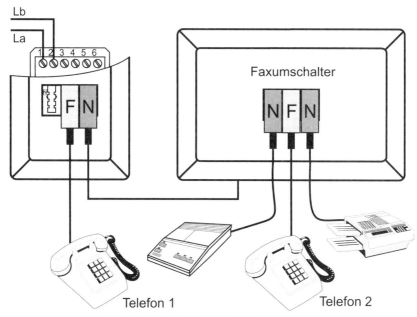

Abb. 7.7: Plug&Play-Installation eines Faxumschalters

zusätzlichen TAE-Dose oder mit zwei zusätzlichen TAE-Dosen. Auf die Klemmeninstallation möchte ich hier nicht näher eingehen, sie entspricht weitgehend der in *Abb. 7.4* gezeigten Installation eines AMS.

Bei der in *Abb. 7.7* gezeigten Installationsvariante werden das Faxgerät und ein Telefon am Faxumschalter selbst angeschlossen und ein anderes Telefon wird zusammen mit dem Faxumschalter an einer TAE-NFN-Dose eingesteckt. Weil der Faxumschalter ja nun dem Telefon 1 an der TAE-NFN-Dose vorgeschaltet ist (siehe *Abb. 3.7*), kann auf diese Weise für die beiden Telefone die gleiche Funktion realisiert werden wie bei einem AMS 1/2.

Prinzipielle Funktion eines Faxumschalters
Wie bereits erwähnt, können die beiden Telefone (siehe *Abb. 7.7*) auf die gleiche Weise verwendet werden, wie bei einem AMS 1/2. Der Apparat, bei dem bei einem ankommenden Telefonanruf zuerst der Hörer abgehoben wird, bekommt das Gespräch. Dieses kann zum anderen Telefon weitergegeben werden usw. Das Hauptmerkmal eines Faxumschalters ist, dass er erkennen kann, ob ein ankommender Anruf von einem Faxgerät ausgeht oder von einem Telefon. Mit anderen Worten, das Gerät kann unterscheiden, ob es sich um einen Faxanruf oder um einen Telefonanruf handelt. Ist dies erst einmal erkannt, gibt

der Faxumschalter den Anruf auf das entsprechende Endgerät. Kommt also ein Fax rein, wird der Anruf auf das angeschlossene Faxgerät geschaltet; die Telefone läuten dabei nicht. Kommt ein Telefongespräch rein, klingeln entsprechend die Telefone. Wenn niemand abhebt und es ist ein Anrufbeantworter angeschlossen, übernimmt dieser dann den Anruf nach einer voreingestellten Zeit.

Wie erkennt der Faxumschalter, um was für einen Anruf es sich handelt?
Um zu erkennen, ob es sich bei einem ankommenden Ruf um einen Telefonanruf oder um einen Faxanruf handelt, muss der Faxumschalter am analogen Anschluss zunächst den Anruf annehmen. Hier erlaube ich mir einmal den Hinweis, dass dies bei ISDN schon vor dem Annehmen eines Gesprächs festgestellt werden kann. Ein ISDN-Telefon, das an der gleichen Nummer wie ein Faxgerät betrieben wird, läutet bei einem ankommenden ISDN-Faxanruf nicht. Das ISDN-Telefon weiß bereits vor dem Annehmen des Gesprächs, dass der Anruf nicht für ein Telefon bestimmt ist.

Zurück zur analogen Technik: Erst wenn ein Anruf angenommen wurde, wenn der Faxumschalter also „den Hörer abgenommen hat", kann er feststellen, ob auf der anderen Seite ein Faxgerät auf eine Übertragung wartet oder ob es sich um einen Teilnehmer an einem Telefon handelt. Faxgeräte, die eine Nachricht senden wollen, geben in kurzen Abständen einen Erkennungston mit bestimmter Frequenz auf die Telefonleitung. Wenn der Faxumschalter diesen Ton feststellt, geht er davon aus, dass es sich am anderen Ende um ein Faxgerät handelt, und leitet den Anruf auf die TAE-Buchse, die für das Faxgerät vorgesehen ist (siehe *Abb. 7.7*). Das Faxgerät muss auf automatischen Empfang eingestellt sein. Wenn dies so ist, übernimmt dann das Faxgerät die Leitung und die Übertragung beginnt.

Bei jedem eingehenden Anruf nimmt der Faxumschalter also den Anruf an, und dies meist schon nach sehr kurzer Zeit. Die angeschlossenen Telefone läuten zunächst noch nicht. Der Anrufer, falls es ein Anrufer ist und kein Faxgerät, merkt natürlich, dass hier sofort das Gespräch angenommen wurde. Damit dieser es nun nicht einfach mit einer „stummen" Leitung zu tun hat, wird er, je nach Art des Faxumschalters, gebeten zu warten oder er hört einen Ton, der sich so ähnlich anhört wie der Rufton der Vermittlungsstelle. Ich hatte auch einmal einen Faxumschalter. Dieser hatte ein elektronisches Stimmenmodul und der Anrufer hörte immer den Satz: „Bitte warten, Sie werden verbunden!" In dieser Zeit hat der Faxumschalter festgestellt, ob es sich um einen Faxanruf handelte oder um einen Telefonanruf. Erst als der Umschalter eindeutig erkannt hatte, dass es sich um einen Telefonteilnehmer handelte, leitete er den

Anruf auf die Telefone und erst dann haben diese geläutet. Bei einem ankommenden Faxanruf läuteten die Telefone nicht, und so soll es ja auch sein.

Hier nochmals der Hinweis, dass bei kombinierten Telefon-Faxgeräten und auch bei manchen analogen Telefonanlagen solche automatischen Faxumschalter bereits eingebaut sind.

Und noch ein Hinweis: Modems geben sich bei einem Anruf auf ähnliche Weise zu erkennen wie Faxgeräte. Wenn das Gerät dafür vorgesehen ist, kann mit der Technik von Faxumschaltern deshalb auch ein Modemanruf erkannt werden. Umschalter, die Telefonanruf, Faxanruf und Modemanruf unterscheiden können, werden z.B. unter dem Namen „Fax-/Modem-Manager" angeboten.

Nachteile von Faxumschaltern

Das alles hört sich ja so an, als bräuchte man überhaupt keine zweite Nummer für ein Faxgerät. Nun, dem ist eigentlich auch so, allerdings hat der automatische Faxumschalter auch Nachteile:

- Bei einem Telefonanruf wird dem Anrufer immer mindestens eine Tarifeinheit berechnet, auch dann, wenn überhaupt niemand zu Hause ist. Wie schon erwähnt, prüft der Faxumschalter bei jedem Anruf, ob es sich um einen Faxanruf handelt oder nicht. Um dies festzustellen, muss der Anruf angenommen werden, was bedeutet, dass dem Anrufer Verbindungskosten berechnet werden. Hier erweist es sich als sinnvoll, einen Anrufbeantworter zu betreiben. Wenn dem Anrufer schon eine Einheit berechnet wird, sollte er wenigstens die Möglichkeit haben, eine Nachricht zu hinterlassen.

- Der Faxumschalter kann ein Faxgerät bei einem Anruf nur dann erkennen, wenn sich das Gerät auf der anderen Seite der Leitung auch als Faxgerät zu erkennen gibt. Dies tun in aller Regel nur solche Faxgeräte mit eigener Wähleinrichtung. Die Erkennung geschieht, wie schon erwähnt, durch einen Ton mit bestimmter Frequenz. Faxgeräte ohne eigene Wähleinrichtung wurden im Abschnitt 5.3 bereits beschrieben. Bei diesen, meist älteren Geräten, muss man mit dem Telefon die Nummer des anderen Faxgeräts wählen und dann den Startknopf zur Faxübertragung drücken, sobald sich das andere Gerät mit dem schon erwähnten schrillen Ton meldet. Der Faxumschalter erkennt natürlich nicht, ob der Anrufer auf der anderen Seite darauf wartet den Startknopf eines Faxgeräts zu drücken, für ihn ist der andere Teilnehmer ein Telefon und das entspricht ja auch den Tatsachen. Somit schaltet der Umschalter einen solchen Anruf auf das Telefon. Natürlich kann man dann den Empfang einer Faxnachricht manuell starten, automatisch funktioniert der Faxumschalter aber eben nur, wenn das anrufende Faxgerät einen Erkennungston auf die Leitung gibt.

- Der wohl offensichtlichste Nachteil beim Einsatz von Faxumschaltern ist der, dass man während einer Faxübertragung nicht telefonieren kann bzw. während eines Telefongesprächs per Fax nicht erreichbar ist. Für den Privatgebrauch ist dies akzeptabel, bei Firmen schon eher unerwünscht; dort wird man sich für eine eigene Faxnummer oder besser noch für ISDN entscheiden.
- Die Rufnummernanzeige wird bei einem CLIP-fähigen Telefon, das an einem älteren Faxumschalter angeschlossen ist, nicht funktionieren (lesen Sie hierzu auch den Abschnitt 5.7). Auch bei neueren Faxumschaltern ist dies nicht immer gewährleistet. Wenn die Rufnummernanzeige nicht funktioniert, können Sie mit einem SMS-fähigen Telefon auch keine SMS-Nachrichten empfangen. Achten Sie beim Kauf eines Faxumschalters deshalb auf dessen Leistungsmerkmale.

Den Faxumschalter überlisten

An einem Ton mit bestimmter Frequenz erkennt also der Umschalter ein Faxgerät. Was nun, wenn man als Anrufer diesen Ton irgendwie anders erzeugt oder einen ähnlichen Ton erzeugt? Nun, dann passiert genau das, was man vermutet, man wird mit dem Faxgerät verbunden. Mein Freund Sahnemichel (namentlich Franz Josef Ehm) hat sich früher öfter einen Spaß daraus gemacht, auf eine bestimmte Art zu pfeifen, als er mich bzw. meinen Faxumschalter anrief. Wenn er es darauf angelegt hat, ist es ihm fast immer gelungen den Faxumschalter zu überlisten und mit dem Faxgerät verbunden zu werden. Sie wollen jemandem ein Fax schicken, der einen automatischen Faxumschalter hat und Sie haben ein Faxgerät ohne eigene Wähleinrichtung. Versuchen Sie es mit Pfeifen! Schauen Sie sich aber vorher um, ob niemand in der Nähe ist. Die Erklärungen dafür, warum Sie ins Telefon pfeifen, könnten nämlich langwierig sein. Außerdem erfordert die Situation ein gewisses technisches Verständnis des anderen.

8 Telefonanlagen

Die wohl eleganteste Methode, mehrere Telefone an einem Anschluss zu betreiben, bieten Telefonanlagen, auch Nebenstellenanlagen genannt. Hier hat jedes Telefon seine eigene Nummer, so dass man auch intern telefonieren kann. Mit anderen Worten, man ruft im Zimmer nebenan an. Sie kennen sicherlich solche Anlagen von Instituten, Krankenhäusern, Verwaltungsgebäuden usw.

Moderne Nebenstellenanlagen können viel mehr als nur Telefonverbindungen aufbauen, der Ausdruck Telefonanlage ist deshalb schon fast eine Beleidigung für ein solches Gerät. Speziell bei ISDN spricht man deshalb von Tk-Anlagen (Telekommunikationsanlagen). Ich nenne die Anlagen für einen herkömmlichen Telefonanschluss einmal Nebenstellenanlagen oder Telefonanlagen und behalte mir den Ausdruck Tk-Anlage für ISDN vor.

Vorab die Anmerkung, dass Nebenstellenanlagen für einen analogen Telefonanschluss nicht mehr zeitgemäß sind. Wenn Sie darüber nachdenken, sich eine Telefonanlage anzuschaffen, dann sollten Sie sich sinnvoller Weise für eine ISDN-Tk-Anlage entscheiden. Ich möchte Telefonanlagen für den analogen Anschluss aber dennoch in diesem Buch vorstellen.

8.1 Installation von Telefonanlagen

Wir beginnen mit dem Anschluss einer Nebenstellenanlage an das Telefonnetz. Die Telefonanlage besitzt für die Amtsleitung Anschlussklemmen mit den Bezeichnungen La und Lb (manchmal auch einfach a und b). Um auch hier zu gewährleisten, dass die Telekom die Leitung nachmessen kann, wird die Telefonanlage nicht direkt an den APL angeschlossen, sondern an die Klemmen 5 und 6 einer TAE-Dose mit PPA (siehe *Abb. 8.1*). Alternativ kann die Telefonanlage auch über eine Anschlussleitung mit TAE-Stecker mit dem Telefonnetz verbunden werden (siehe *Abb. 8.3*).

Für die einzelnen Telefone oder anderen Endgeräte werden dann jeweils TAE-Dosen installiert, die alle an die Nebenstellenanlage angeschlossen werden. In *Abb. 8.2* wird der Installationsplan für eine Anlage mit vier Nebenstellen gezeigt.

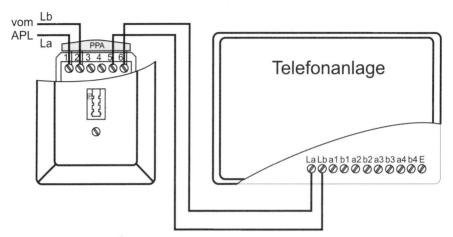

Abb. 8.1: Anschluss einer Telefonanlage an das Telefonnetz

Es werden jeweils die Klemmen 1 und 2 einer TAE-Dose mit den Klemmen a1 und b1 für die erste Nebenstelle, a2 und b2 für die zweite Nebenstelle usw. verbunden. In *Abb. 8.2* wurde auch eine Erdleitung installiert. Ob dies nötig ist, hängt davon ab, über welche Funktion ein Amt auf ein Telefon geschaltet wird. Nur bei Anlagen, bei denen die Amtsholung noch durch Drücken der Erdtaste geschieht, wird diese Erdleitung benötigt. Bei neuen Anlagen kommt man ohne die Erdleitung aus, weil die Amtsholung mit Hilfe eines Flashs funktioniert (siehe Abschnitt 5.1, „Die Funktion der R-Taste").

8.2 Leistungen von Telefonanlagen

In diesem Abschnitt sollen die Standardleistungen kleinerer Telefonanlagen, wie man sie in Wohnhäusern oder Kleinbetrieben findet, genannt werden. Wer sich mit solchen Anlagen schon beschäftigt hat, weiß, dass die Leistungen und auch die Preise von Anlage zu Anlage verschieden sind. Die folgende Aufzählung von Leistungen kann deshalb nicht vollständig sein, sie gibt die Merkmale wieder, die fast alle neueren Telefonanlagen unterstützen.

Interngespräche
Eigentlich braucht man zum Betreiben einer Nebenstellenanlage keinen Telefonanschluss. Man hat seine eigene kleine Telefonwelt. Jeder Apparat hat seine eigene Nummer und kann von einem anderen Apparat aus angerufen werden. Meistens sind die Nummern bei kleinen Anlagen zweistellig. Sagen wir einmal, bei einer Anlage mit acht Nebenstellen hätten die Apparate die Num-

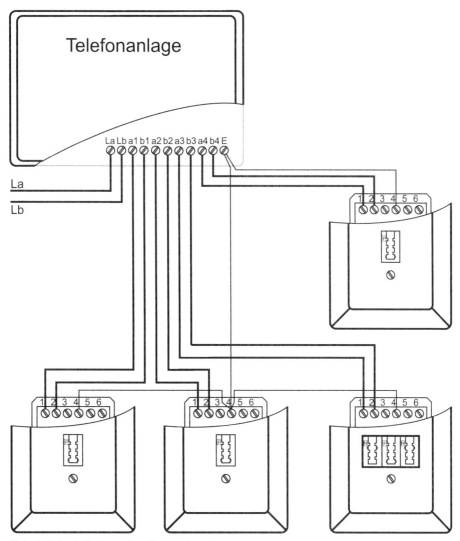

Abb. 8.2: Installationsplan für Telefonanlagen

mern 11, 12, 13 usw. bis 18. Ohne einen Amtsanschluss zu benötigen kann jetzt zum Beispiel der Teilnehmer mit der Nummer 11 die 15 wählen und dort läutet dann das Telefon. Hebt nun bei 15 jemand ab, wird eine Telefonverbindung aufgebaut und die Teilnehmer können miteinander sprechen. Bei einem solchen Interngespräch entstehen natürlich keine Verbindungskosten. Hier wird ja kein Dienst der Telekom oder eines anderen Netzbetreibers in Anspruch genommen. Die meisten Anlagen sehen vor, dass man auch mehrere

Interngespräche zur gleichen Zeit führen kann. Während also 11 mit 15 telefoniert, kann auch 12 mit 17 sprechen.

Externgespräche (Amtsgespräche)

Falls man nicht nur in den nächsten Raum telefonieren will, sondern auch nach „Draußen", muss man sich dafür zunächst ein Amt „holen". Gemeint ist damit, dass die Nebenstelle der Telefonanlage auf die Vermittlungsstelle des Netzbetreibers geschaltet wird. Speziell in diesem Zusammenhang spricht man oft noch von Amt, Amtsgespräch oder Amtsholung, obwohl man zu dem Gebäude (das früher ja auch Amt hieß) heute Vermittlungsstelle sagt.

Wenn ein Telefon an einer Telefonanlage angeschlossen ist und man hebt den Hörer ab, hört man zunächst einen speziellen Wählton (Freiton) der Telefonanlage und nicht den Wählton vom Amt. Dieser Wählton der Anlage soll darauf hindeuten, dass man ohne spezielle Prozeduren beim Wählen mit internen Teilnehmern verbunden wird.

Zum Führen eines Amtsgesprächs benötigt man zunächst den Wählton von der Vermittlungsstelle. Hier kommt es nun darauf an, um welche Art von Nebenstellenanlage es sich handelt. Bei den meisten Telefonanlagen geschieht die Amtsholung durch Drücken der Ziffer Null. Sobald man den Wählton vom Amt hat, kann man dann so wählen, als wäre die Telefonanlage überhaupt nicht da.

Die meisten Telefonanlagen verfügen über die Möglichkeit, für jede Nebenstelle festzulegen, ob von dort aus Amtsgespräche möglich sein sollen oder nicht. Mehr dazu später.

Damit man weiß, ob es sich bei einem ankommenden Anruf um ein Amtsgespräch oder um ein internes Gespräch handelt, werden die Anrufe (bei den meisten Telefonanlagen) unterschiedlich signalisiert. Mit anderen Worten: Das Telefon klingelt bei einem Amtsgespräch anders als bei einem internen Gesprächswunsch. Je nach dem, wo man sich befindet (z.B. im Büro), wird man sich dann auf verschiedene Arten melden.

Konferenzen

Bei Telefonanlagen gibt es mehrere Arten von Konferenzen:

- Es sind nur interne Teilnehmer an einer Konferenz beteiligt (Internkonferenz).
- Es sind mehrere interne und ein externer Teilnehmer an einer Konferenz beteiligt.
- Es sind mehrere externe Teilnehmer an einer Konferenz beteiligt.

Bei der Internkonferenz können je nach Anlage drei oder mehr (interne) Teilnehmer zusammengeschaltet werden.

Beschränken wir uns bei den Externkonferenzen einmal auf eine Konferenz mit drei Teilnehmern. Bei *einem* externen und zwei internen Teilnehmern handelt es sich um ein lokales Leistungsmerkmal der Telefonanlage. Bei der anderen Variante wird das Leistungsmerkmal Dreierkonferenz des Netzbetreibers (z.B. der Telekom) genutzt. Die Konferenz wird dann in der Vermittlungsstelle geschaltet. Dieses Thema wird in Kapitel 9 behandelt.

Rückfrage intern

Während eines Amtsgesprächs kann man dies unterbrechen und bei einem internen Teilnehmer eine Auskunft einholen. Das Amtsgespräch wird während dieser Rückfrage von der Telefonanlage gehalten. Nach der Rückfrage kann man das Amtsgespräch dann weiterführen. Eine Rückfrage wird bei analogen Telefonen häufig über die R-Taste (Rückfrage-Taste) eingeleitet, daher auch der Name. Während eines externen Gesprächs drückt man diese R-Taste und wählt dann die Nummer des internen Teilnehmers. Will man den externen Teilnehmer zurück haben, drückt man erneut die R-Taste und wählt die Null. So funktioniert es zumindest bei den meisten Anlagen. Sollte dies bei Ihnen nicht funktionieren, hilft eine Blick in die Bedienungsanleitung der Telefonanlage sicherlich weiter.

Weiterverbinden mit Ankündigung

Sie führen ein externes Gespräch und wollen den Gesprächspartner auf einen anderen internen Anschluss weiterverbinden. Dies funktioniert ähnlich wie eine Rückfrage. Man drückt die R-Taste und wählt die Nummer des gewünschten internen Teilnehmers. Das externe Gespräch wird in dieser Zeit gehalten. Man kündigt das externe Gespräch an und legt einfach den Hörer auf. Der andere Teilnehmer erhält dann automatisch das Gespräch.

Weiterverbinden ohne Ankündigung

Ein Gespräch weiterzuverbinden, ohne es anzukündigen, funktioniert genauso wie mit Ankündigung. Man wartet hierbei einfach nicht ab, bis sich der andere interne Teilnehmer meldet. Also explizit: Man drückt die R-Taste, wählt die Nummer des gewünschten internen Teilnehmers, der das Amtsgespräch bekommen soll, und legt den Hörer auf. Sollte sich der andere Teilnehmer nicht melden, wird das Amtsgespräch nach einer gewissen Zeit wieder zu der Nebenstelle zurückgeleitet, von wo aus es weiterverbunden wurde. Dort klingelt dann erneut das Telefon.

Anrufe heranholen (Pick up)

Bei einem Pick up (engl. für abholen, aufsammeln) übernimmt man ein Gespräch, das auf einem anderen Apparat der Telefonanlage signalisiert wird. Angenommen in einem Büro klingelt bei Herrn Mayer das Telefon und dieser ist zur Zeit nicht an seinem Schreibtisch. Frau Müller am nächsten Schreibtisch will das Gespräch annehmen. Sie wählt dazu eine bestimmte Nummer und erhält das Gespräch, obwohl ihr eigenes Telefon nicht geläutet hat. Eine solche Funktion kann auch im privaten Bereich sehr nützlich sein, nämlich bei einem Pick up vom Anrufbeantworter. Falls dieser schon das Gespräch angenommen hat und die Telefonanlage dies vorsieht, kann man, von jeder Nebenstelle aus, dem Anrufbeantworter das Gespräch wieder „abholen".

Rufumleitung intern

Wir stellen uns vor, eine Telefonanlage sei in einem kleinen Büro installiert. Der Apparat von Frau Müller sei die Nebenstelle mit der Nummer 13. Herr Mayer sitzt in einem anderen Raum und hat die Nummer 14. Wenn Frau Müller jetzt rüber geht zu Herrn Mayer, kann sie die Telefonanlage so programmieren, dass ihre Telefonanrufe bei Herrn Mayer signalisiert werden.

Nebenstellen für ankommende Gespräche programmieren

Für jede Nebenstelle kann individuell angegeben werden, ob bei einem ankommenden externen Anruf das Telefon an dieser Nebenstelle klingeln soll oder nicht. Angenommen Sie haben ein Telefon neben dem Bett stehen, wollen dort aber nicht gestört werden. In diesem Fall kann man die Anlage so programmieren, dass man vom Bett aus zwar telefonieren kann, aber dass bei einem externen Anruf dieser Apparat nicht läutet. Das heißt nicht, dass man zu dem Telefon am Bett nicht hinverbinden kann. Auch ein Pick up ist möglich. Wenn man also hört, dass die anderen Apparate läuten, kann man vom Bett aus das Gespräch auch annehmen.

Verschiedene Amtsberechtigungsarten für die einzelnen Nebenstellen

Jeder Nebenstelle kann man eine Amtsberechtigung zuweisen. Dies könnte z.B. sein:

- Nichtamt: nur interne Gespräche möglich
- Halbamt: vom Amt erreichbar, aber keine Möglichkeit rauszuwählen
- Ort: nur Gespräche im eigenen Ortsnetz (keine Null am Anfang der Nummer)
- Nah: nur Gespräche im Nahbereich (die entsprechenden Vorwahlen des Nahbereichs müssen eingegeben werden)

- Inland: nur Inlandsgespräche (keine doppelte Null am Anfang der Nummer)
- Vollamt: alles möglich.

Spontane Amtsholung
In der Regel bekommt man beim Abheben des Hörers eines Telefons, das an eine Telefonanlage angeschlossen ist, den Wählton der Anlage. Ohne spezielle Prozedur kann man dann Interngespräche führen. Um ein externes Gespräch zu führen, muss man sich zunächst mit der Vermittlungsstelle (dem Amt) verbinden lassen. Man spricht hier von Amtsholung. Wie bereits erwähnt, funktioniert dies bei den meisten Telefonanlagen durch Wählen der Null.

In bestimmten Fällen kann es sich als sehr nützlich erweisen, wenn man beim Abheben des Hörers direkt (also spontan) mit der Vermittlungsstelle verbunden wird und für interne Gespräche eine spezielle Prozedur ausführen muss. Häufig besteht die Prozedur dann nur darin, die R-Taste zu drücken und schon kann man Interngespräche führen.

Eine spontane Amtsholung wird häufig für Nebenstellen programmiert, an denen ein Modem oder ein Faxgerät angeschlossen ist. In den meisten Fällen wird ein Faxanruf ein externer Anruf sein. Nur bei größeren Firmen kann es vorkommen, dass ein Fax intern von einem Gebäude in ein anderes geschickt wird. Für die Nebenstelle eines Faxgeräts ist es also sinnvoll, diese für eine spontane Amtsholung zu programmieren. Man braucht dann beim Wählen nicht immer die Null voranzustellen. Natürlich kann ein spontane Amtsholung auch für ein Telefon sinnvoll sein, in einer Zweizimmerwohnung wird man wahrscheinlich wenig Interngespräche führen, und wenn dies einmal erforderlich wird, drückt man vor dem Gespräch die R-Taste.

Bei vielen Telefonanlagen kann eine spontane Amtsholung für jede Nebenstelle individuell programmiert werden. Speziell bei Faxgeräten kann die spontane Amtsholung einige Probleme aus der Welt schaffen. Lesen Sie dazu auch Abschnitt 5.3, „Faxgeräte an Telefonanlagen".

Kostenstatistik und -verwaltung
Die meisten Telefonanlagen können die anfallenden Verbindungskosten für jede Nebenstelle speichern. Mit dem PC können diese Kosten verwaltet, ausgewertet und den einzelnen Nebenstellen zugeteilt werden. Voraussetzung hierfür ist natürlich, dass die Tarifinformationen von der TVSt auch übermittelt werden (siehe Abschnitt 5.6).

Kommunikation mit der Türsprechstelle und Öffnen der Haustür

Eine separate Türsprechanlage ist doch Schnee von gestern. Schon kleine Telefonanlagen sind dafür vorgesehen, auch eine Türsprechstelle daran anzuschließen. Wenn jemand an der Haustür ist, kann man dann von jedem Telefon aus ein spezielles Interngespräch, nämlich eins zur Haustür, führen. Durch anschließende Wahl irgendeiner Ziffernkombination kann auch gleich die Haustür mit Hilfe des Telefon geöffnet werden. Der Türöffner wird dann für ca. drei Sekunden betätigt und schaltet sich anschließend automatisch wieder ab. Mit welcher Nummer man zur Haustür wählen kann bzw. wie man den Türöffner betätigt, ist von Anlage zu Anlage unterschiedlich. Hier verweise ich auf die zugehörige Bedienungsanleitung.

Im Fachjargon heißt die Türsprechstelle übrigens Türfreisprecheinrichtung, kurz TFE. Die TFE muss für den Betrieb an einer Telefonanlage vorgesehen sein, man kann also nicht einfach eine evtl. bereits vorhandene Türsprechstelle verwenden.

Die notwendigen zusätzlichen Installationen zur Haustür sind nicht sehr aufwendig. In *Abb. 8.3* wird gezeigt, wie man eine Türfreisprecheinrichtung (TFE) und einen Türöffner an einer Telefonanlage anschließt. Die Installation der TFE kann von Anlage zu Anlage variieren, am weitesten verbreitet sind Module mit einer so genannten FTZ 123 D12-Schnittstelle. Bei dieser Schnittstelle wird das Audiosignal über die beiden Klemmen NF (Niederfrequenz) übertragen. Bei einigen Telefonanlagen wird anstatt der separaten NF-Klemmen einfach ein Nebenstellenanschluss (z.B. a8 und b8) für die Türsprechstelle verwendet.

Türsprechmodule mit FTZ 123 D12-Schnittstelle können in der Regel sowohl mit Wechselspannung (z.B. vom Klingeltrafo), als auch mit Gleichspannung, betrieben werden. Über die beiden Klemmen TS (Türsprechen) der Telefonanlage wird lediglich die Spannungsversorgung für das Türsprechmodul eingeschaltet. Dies geschieht automatisch, sobald man die Türsprechstelle anruft oder einen „Anruf" von der Türsprechstelle entgegennimmt.

Technisch gesehen handelt es sich bei den Klemmenpaaren TS und TÖ lediglich um (potenzialfreie) Kontakte von Relais. Die Relais können in der Regel so programmiert werden, dass sie ein- oder ausgeschalten oder für drei Sekunden einen Kontakt schließen. Letzteres bietet sich z.B. für den Türöffner an.

Weitere Leistungen von Telefonanlagen

Je nach Telefonanlage hat man noch weitere Leistungsmerkmale zur Verfügung, die ich hier aber nur in Form einer Aufzählung nennen will, zumal die meisten keiner näheren Erläuterung bedürfen.

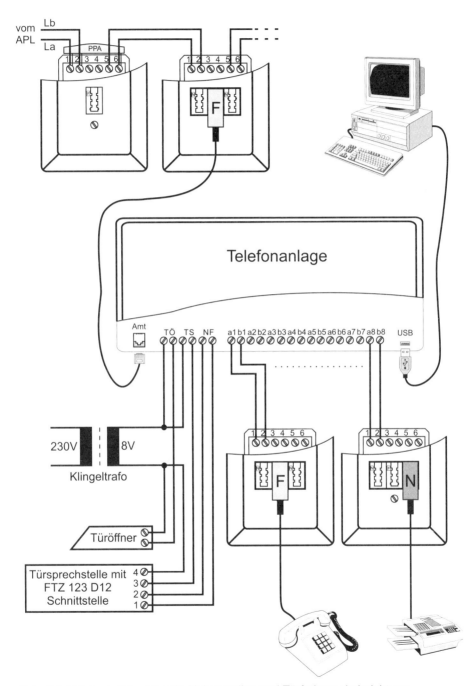

Abb. 8.3: Telefonanlage mit acht Nebenstellen und Türfreisprecheinrichtung

- Einzelverbindungsnachweis
- Nachtschaltung (verschiedene Anrufvarianten)
- Nummernspeicher (elektronisches Telefonbuch)
- Rückruf bei Besetzt, intern
- Rückruf bei Nichtmelden, intern
- Kostenoptimierung (Telefonieren über verschiedene Netzbetreiber)
- usw.

8.3 Programmierung der Telefonanlage

Die Programmierung einer Telefonanlage kann am einfachsten mit Hilfe eines PCs vorgenommen werden (siehe *Abb. 8.3*). Wird jetzt schon vorausgesetzt, dass man einen Computer hat? Nun, nachdem die Anlage konfiguriert ist, werden Sie keinen Rechner mehr benötigen. Wenn Sie also keinen PC haben, aber jemanden kennen, der für Sie die Programmierung vornehmen kann, geht dies auch. Sie können Ihre Telefonanlage unter den Arm klemmen, zu Ihrem Bekannten gehen, dort die entsprechende Software auf dem PC installieren, die Telefonanlage mit dem PC verbinden und die Programmierung vornehmen. Anschließend nehmen Sie die Telefonanlage fertig programmiert wieder mit nach Hause.

Telefonanlagen werden zur Programmierung über eine serielle Schnittstelle (COM1 oder COM2) oder über USB[1] mit dem PC verbunden (siehe *Abb. 8.3*). Theoretisch könnten Sie nach der Programmierung die Telefonanlage wieder vom PC trennen. Dies ist aber, wenn Sie einen eigenen PC besitzen, nicht sinnvoll. Es könnte ja sein, dass Sie die Programmierung einmal ändern möchten. Der eigentliche Grund, warum die Telefonanlage möglichst immer mit dem Rechner verbunden sein sollte, ist aber der, dass man über den PC auch andere Einstellungen an der Telefonanlage, wie z.B. Rufumleitung, Kostenverwaltung, Verwaltung des elektronischen Telefonbuchs usw., vornehmen kann.

Falls Sie keine Möglichkeit haben, die Telefonanlage mit einem PC zu konfigurieren, können Sie die Programmierung (oder eine evtl. Umprogrammierung) auch über ein angeschlossenes Telefon vornehmen. Dies ist aber sehr umständlich und vor allem ist es sehr unübersichtlich.

---

1. Bei USB handelt es sich technisch gesehen auch um eine serielle Schnittstelle, USB steht für *Universal Serial Bus*.

8.4 Telefonanlagen für zwei Amtsleitungen

Es gibt immer noch Telefonanlagen, die man an zwei Amtsleitungen, also an zwei herkömmliche Telefonanschlüsse, anschließen kann. Von solchen Anlagen kann ich nur dringend abraten, weil, wie bereits erwähnt, *zwei* analoge Telefonanschlüsse vom Grundpreis her mehr kosten als *ein* ISDN-Anschluss (siehe Abschnitt 2.4).

8.5 Hinweise zu den Endgeräten an Telefonanlagen

Bei der Inbetriebnahme einer Telefonanlage und der angeschlossenen Endgeräte können unerwartete Probleme auftreten. Einige der im Folgenden beschriebenen Phänomene wurden bereits genannt. Hier werden die wichtigsten Punkte nochmals zusammengefasst.

8.5.1 Telefone

Jedes herkömmliche Telefon kann an einer Telefonanlage betrieben werden. Mit herkömmlich meine ich, dass es sich nicht um eine ISDN-Telefon handelt. Unter Umständen kann man aber bestimmte Leistungsmerkmale der Telefonanlage mit älteren Apparaten nicht nutzen.

Funktion der R-Taste, Wahlverfahren und Flashzeiten
Neuere Tastentelefone besitzen, wie schon erwähnt, eine Taste, auf der ein „R" für Rückfrage steht. Diese R-Taste kommt bei Telefonanlagen oder bei der Nutzung der Leistungsmerkmale (Anklopfen, Makeln, Dreierkonferenz usw.) bei einem herkömmlichen Telefonanschluss zum Einsatz (siehe Kapitel 9).

Die R-Taste kann mit zwei bzw. drei verschiedenen Funktionen belegt sein. Bei Impulswahl ist die R-Taste eine Erdtaste. Beim Drücken wird dabei eine Verbindung zur Klemme 4 der TAE-Dose hergestellt. Diese Einstellung wurde früher bei Telefonanlagen gebraucht, bei heutigen Anlagen wird die Klemme 4 der TAE-Dose überhaupt nicht mehr verwendet.

Bei Mehrfrequenzwahl kann die R-Taste, für den Betrieb an alten Telefonanlagen, ebenfalls auf Erde geschaltet werden oder es wird beim Drücken ein Flash erzeugt. Wie in Kapitel 5 bereits beschrieben, ist ein Flash eine kurze Unterbrechung (ca. 80 ms) der Verbindung. Dadurch kann man einer Telefonanlage während einer bestehenden Verbindung mitteilen, dass man etwas von ihr haben will. Zum Beispiel wird der Flash zum Einleiten einer Rückfrage benötigt und somit auch zum Weiterverbinden eines Gesprächs. Ein Flash wird von den meisten Telefonanlagen als solcher erkannt, wenn die Unterbrechungszeit kürzer ist als 200 ms.

Bei vielen „neueren" Apparaten (ab 1994) kann die R-Taste auch für die Hook-Flash-Funktion programmiert werden. Der Hook-Flash (auch langer Flash, Unterbrechungszeit zwischen 170 ms und 310 ms) dient zur Nutzung der Leistungsmerkmale am herkömmlichen Telefonanschluss. Mit dem Hook-Flash kann man der Vermittlungsstelle während einer bestehenden Verbindung mitteilen, dass man etwas (z.B. eine Dreierkonferenz) von ihr haben will.

Aufgrund von unterschiedlich eingestellten Flashzeiten kann es bei Telefonanlagen zu Problemen beim Einleiten einer Rückfrage und somit beim Weiterverbinden eines Teilnehmers kommen. Ist z.B. die Flashzeit bei einem angeschlossenen Telefon auf 300 ms eingestellt (Hook-Flash) und bei der Telefonanlage auf 200 ms, wird von der Telefonanlage der Flash des Telefons als Auflegen interpretiert, weil die Unterbrechung zu lange gedauert hat. Meistens ist bei Telefonanlagen eine Flashzeit von 200 ms voreingestellt. Falls Sie also Probleme beim Weiterverbinden haben, sollten Sie zunächst versuchen die Flashzeit des Telefons zu ändern. Informationen hierüber sollten Sie in der Bedienungsanleitung des Telefons finden. Lesen Sie hierzu auch in Abschnitt 5.1 die Erläuterungen zum Einstellen des Wahlverfahrens und zur Funktion der R-Taste.

Falls sich die Flashzeit eines Telefons nicht ändern lässt, können Sie auch die entsprechenden Zeiten für die Flasherkennung in der Telefonanlage ändern. Bei guten Telefonanlagen lässt sich die Flashzeit für jeden Nebenstellenanschluss individuell festlegen.

Sollte Ihr analoges Telefon, das Sie an einer Telefonanlage betreiben wollen, noch auf Impulswahl eingestellt sein, empfehle ich Ihnen das zu ändern. Ausführliche Informationen zum Umstellen des Wahlverfahren auf Tonwahl finden Sie in Abschnitt 5.1. Das Wahlverfahren steht in direktem Zusammenhang mit der Flashzeit und dem Weiterverbinden, denn bei Impulswahl gibt es keinen Flash.

Tastentelefone, die vor 1990 hergestellt wurden, können unter Umständen noch kein Mehrfrequenzwahlverfahren. Beim Drücken der Tasten werden lediglich Impulse erzeugt. Und eine R-Taste haben diese Geräte schon gar nicht. Hieraus ergibt sich natürlich direkt die Frage: Kann man solche Geräte an einer modernen Telefonanlage betreiben?

Prinzipiell ja, jedoch mit einigen Einschränkungen. Auf jeden Fall können Sie mit einem solchen Telefon an der Telefonanlage natürlich angerufen werden.

Wählen können Sie jedoch nur, wenn die Telefonanlage Impulswahl „versteht". Die meisten Telefonanlagen unterstützen Impulswahl. Die meisten, aber eben nicht alle! Wenn die Telefonanlage nicht für Impulswahl konzipiert ist, können Sie ältere Telefone nicht vernünftig an dieser Anlage betreiben.

Wie sieht es aus mit Rückfrage und Weiterverbinden? Nun, wenn ein Telefon keine Tonwahl kann, kann man damit auch keinen Flash erzeugen. Aber da gibt es ja noch den Flash-Trick (siehe Abschnitt 5.1). Der Flash-Trick ermöglicht es in den meisten Fällen, viele Leitungsmerkmale einer Telefonanlage mit jedem alten Telefon zu nutzen. Voraussetzung ist lediglich, dass die Telefonanlage das Impulswahlverfahren unterstützt.

Was mit Telefonen ohne Tonwahl (z.B. Apparate mit Wählscheibe) auf keinen Fall funktioniert sind alle Leistungsmerkmale der Telefonanlage, für die man entweder die Stern- oder die Raute-Taste drücken muss. Signale mit diesen Funktionen gibt es bei Impulswahl nicht. Aber auch hierfür gibt es einen Trick (siehe *Abb. 1.6*).

Anzeigen der Rufnummer
Wie bereits erwähnt, gibt es beim herkömmlichen Telefonanschluss unter Verwendung von so genannten CLIP-fähigen[1] Telefonen die Möglichkeit, die Rufnummer eines Anrufers bereits vor dem Annehmen des Gesprächs anzeigen zu lassen. Wenn Sie nun ein solches Telefon an einer Telefonanlage betreiben und Sie wollen dort auch die Rufnummer vor dem Abheben des Hörers angezeigt bekommen, müssen drei Voraussetzungen gegeben sein:

1. Die Rufnummer muss (natürlich) von der Vermittlungsstelle zu Ihrem Anschluss übertragen werden. Dies ist nicht in jedem Tarifmodell enthalten.

2. Die Telefonanlage muss die Rufnummer an die Nebenstellen übermitteln. Dies tun nicht alle Telefonanlagen.

3. Das Telefon muss (natürlich) CLIP-fähig sein, damit die Rufnummer nicht nur übermittelt wird, sondern auch angezeigt werden kann.

Bei vielen Telefonanlagen lässt sich für jede Nebenstelle individuell festlegen, ob die CLIP-Funktion aktiviert sein soll oder nicht.

---

1. Der Begriff *CLIP* wird in Kapitel 9 eingeführt. Es handelt sich dabei um ein Leistungsmerkmal von ISDN (siehe Abkürzungen im Anhang).

Anzeigen der Tarifinformationen

Wenn Ihr analoges Telefon, das an der Telefonanlage angeschlossen ist, einen integrierten Einheitenzähler besitzt, können Sie sich die Verbindungskosten während eines Telefonats anzeigen lassen. Voraussetzung ist natürlich, dass die Verbindungskosten während des Gesprächs von der Vermittlungsstelle übertragen werden (siehe Abschnitt 5.6) und dass die Telefonanlage die Zählimpulse an die einzelnen Nebenstellen weiterleitet. Bei den Anlagen, die dies unterstützen, kann man die Übermittlung der Zählimpulse meistens für jede Nebenstelle individuell aktivieren oder deaktivieren. Dies ist nötig und sinnvoll, weil die Zählimpulse bei Fax- oder Modemübertragungen Störungen verursachen können.

8.5.2 Faxgeräte

Hier muss zunächst eine Unterscheidung bezüglich dem Versenden von Faxnachrichten und dem Empfangen von Faxnachrichten gemacht werden.

Versenden von Faxnachrichten

Wenn Sie Ihr Faxgerät bisher an einem Hauptanschluss betrieben haben und dann an eine Nebenstelle einer Telefonanlage anschließen, kann es zu Problemen beim Versenden von Faxnachrichten kommen. Der vermutliche Grund: Die meisten Faxgeräte besitzen eine Wähltonerkennung und weil das Faxgerät für einen Hauptanschluss programmiert ist, wählt es erst dann, wenn es den Wählton von der Vermittlungsstelle bekommt.

Bei einer Nebenstellenanlage erhält das Faxgerät aber nicht den Wählton von der Vermittlungsstelle, sondern den von der Telefonanlage, wenn es an die Leitung geht. Fazit: Das Gerät meldet eine besetzte Leitung oder so etwas ähnliches und wählt deshalb nicht. Das Problem lässt sich entweder dadurch beheben, dass man für die Nebenstelle des Faxgeräts die Amtsholung auf spontan einstellt (siehe Abschnitt 8.2) oder man muss das Faxgerät für den Betrieb an einer Telefonanlage programmieren (siehe Abschnitt 5.3).

Sollten während des Sendevorgangs einer Faxnachricht Probleme auftreten, könnte die Faxübertragung durch Zählimpulse gestört werden. Schalten Sie in diesem Falle die Übermittlung der Zählimpulse für die Nebenstelle des Faxgeräts ab.

Empfang von Faxnachrichten

Bei größeren Firmen kann man die Nebenstellen der Telefonanlage direkt anwählen. Solche Durchwahlnummern werden häufig mit einem Bindestrich an die eigentliche Telefonnummer angehängt, z.B. 7380-218. Bei einer solchen Anlage ist es kein Problem, ein Faxgerät direkt anzuwählen. Dieses bekommt einfach seine eigene (Durchwahl-) Nummer. Bei kleinen Telefonanlagen, wie sie (bei einem herkömmlichen Telefonanschluss) im privaten Bereich üblich sind, ist keine Durchwahl möglich, das Faxgerät teilt sich also mit den anderen Endgeräten die gleiche Telefonnummer. Somit sind wir wieder bei dem Problem der Erkennung eines Faxanrufs (siehe Abschnitt 7.3). Zum Betreiben eines Faxgeräts *und* einer kleinen Telefonanlage bietet die herkömmliche Telefonwelt zwei Möglichkeiten:

1. Man kann einen automatischen Faxumschalter benutzen, wie er in Abschnitt 7.3 vorgestellt wird, und statt eines Telefons die Telefonanlage an den Faxumschalter anschließen (siehe *Abb. 8.4*).

2. Moderne Telefonanlagen haben bereits einen Faxumschalter integriert. Sie besitzen dann eine für das Faxgerät vorgesehene Nebenstelle.

Vom Prinzip her geschieht bei beiden Möglichkeiten das Gleiche. In beiden Fällen muss ein Anruf zunächst angenommen werden, um zu prüfen, ob es sich um einen Faxanruf oder um einen „normalen" Telefonanruf handelt. Die an der Telefonanlage angeschlossenen Telefone läuten erst dann, wenn der Anruf als „normaler" Telefonanruf erkannt wurde.

Kombinierte Telefon-Faxgeräte an einer Telefonanlage

Kombinierte Telefon-Faxgeräte (sie heißen auch Kombi-Geräte oder Multi-Geräte) haben meistens einen Faxumschalter integriert. Wenn man ein solches Gerät an eine Nebenstelle einer Telefonanlage anschließt, muss man folgendes beachten: Damit das Kombi-Gerät feststellen kann, ob es sich um einen Faxanruf handelt, muss es, genau wie ein separater Faxumschalter auch, das Gespräch annehmen (siehe Abschnitt 7.3). Wenn es dies aber bei einem eingehenden Ruf sofort tut, hat man keine Möglichkeit mehr, von einer anderen Nebenstelle das Gespräch entgegenzunehmen. Aus der Sicht der Telefonanlage wurde das Gespräch ja entgegengenommen und die Telefonanlage kann nicht unterscheiden, ob es ein Mensch oder eine Maschine war, der/die den Anruf angenommen hat. Man kann danach den Anruf nur noch am Kombi-Gerät entgegennehmen, weil nur dieses noch den Ruf signalisiert. Dies kann natürlich nicht der Sinn der Sache sein. Glücklicherweise kann man die meisten Kombi-Geräte so programmieren, dass sie ein Gespräch erst nach dem dritten oder dem fünften Klingeln entgegennehmen. In dieser Zeit klingeln die Telefone aller Nebenstellen. Erst wenn in dieser Zeit niemand das Gespräch angenommen hat, nimmt das Kombi-Gerät dieses entgegen. Es überprüft dann, ob es sich

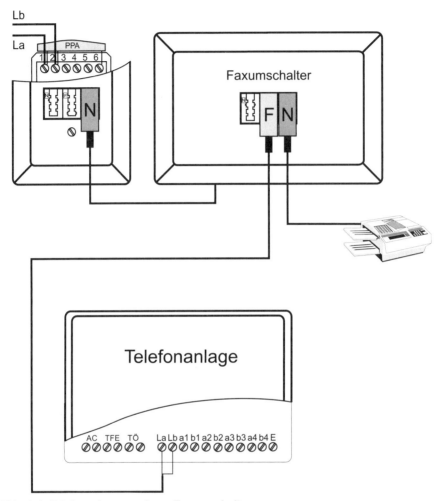

Abb. 8.4: Telefonanlage an einem Faxumschalter

um einen Faxanruf handelt oder nicht und leitet das Gespräch auf das entsprechende Modul.

Falls man an einem Telefon der Nebenstellenanlage ein Gespräch entgegennimmt und stellt fest, dass es sich um einen Faxanruf handelt (Faxerkennungston auf der Leitung), verbindet man das Gespräch einfach zu der Nebenstelle des Kombi-Geräts.

8.5.3 Modems

Die bei Faxgeräten beschriebene Problematik mit der Wähltonerkennung haben Sie mit einem Modem auch. Programmieren Sie die Nebenstelle, an der das Modem angeschlossen ist, auf spontane Amtsholung oder konfigurieren Sie das Modem auf Blindwahl. Dies geschieht in den einzelnen Programmen (DFÜ-Netzwerk, Faxprogramm, Terminalprogramm usw.) durch Angabe einer entsprechenden Option. Das Modem wird dann mit Hilfe eines bestimmten AT-Befehls so konfiguriert, dass es wählt, ohne den Wählton abzuwarten. Weiterhin muss man, wenn dies nicht ausdrücklich im Programm anders beschrieben ist, bei der Telefonnummer die Null zur Amtsholung mit angeben. Man schreibt dann in der Regel ein Komma nach der ersten Null, also z.B. 0,068427380. Das Komma veranlasst das Modem ca. eine Sekunde zu warten, bevor die restlichen Ziffern gewählt werden.

Ein weiterer Punkt, den es beim Betrieb eines Modems an einer Telefonanlage zu beachten gibt, ist die maximal mögliche Übertragungsgeschwindigkeit. An einer Nebenstelle einer Telefonanlage wird häufig nicht die heute mögliche Übertragungsgeschwindigkeit eines V.90- oder V.92-Modems von 56.000 Bit/s unterstützt. Es wird zwar eine Verbindung hergestellt, aber nur mit 28.800 Bit/ s oder mit 33.600 Bit/s. Die Telefonanlage bremst also evtl. die Übertragung aus. Angaben zur maximal möglichen Übertragungsgeschwindigkeit sollten Sie in der Bedienungsanleitung der Telefonanlage finden.

Falls während einer Online-Sitzung die Verbindung unterbrochen wird, könnte die Datenübertragung durch Zählimpulse oder bei neueren Anlagen durch das Anklopfsignal (siehe Kapitel 9) gestört worden sein. Schalten Sie in diesem Falle die Übermittlung der Zählimpulse und die Anklopffunktion für die Nebenstelle des Modems ab.

9 T-Net-Leistungsmerkmale

Es gibt, wie bereits erwähnt, keine speziellen Vermittlungsstellen für ISDN. Mit anderen Worten: Die Leitungen von ISDN-Anschlüssen und von herkömmlichen Telefonanschlüssen enden am gleichen Vermittlungsrechner. Unterschiedlich ist nur die Art der Datenübertragung zwischen Vermittlungsstelle und Teilnehmer. Bei einem herkömmlichen Anschluss werden die Daten analog übertragen und bei einem ISDN-Anschluss digital. Heute sind auch bei analoger Übertragungstechnik viele der Leistungen möglich, die zu den Anfängen des digitalen Telefonierens nur bei ISDN üblich waren. Der Unterschied liegt nur darin, dass die Leistungen anders gesteuert werden müssen. Bei ISDN funktioniert dies über einen dafür vorgesehenen Steuerkanal und beim herkömmlichen Telefonanschluss mit speziellen Tastenkombinationen in Verbindung mit der Stern- und der Raute-Taste oder mit Hilfe eines Hook-Flashs[1].

In diesem Kapitel werden die Möglichkeiten beschrieben, die man in der heutigen Zeit mit einem herkömmlichen Telefonanschluss hat. Außerdem wird gezeigt, wie die Leistungsmerkmale initiiert und genutzt werden. Welche Leistungsmerkmale man als Telefonkunde zur Verfügung hat, hängt vom jeweiligen Netzbetreiber ab. Die hier aufgeführten Leistungsmerkmale stehen zur Zeit (Juni 2004) bei einem T-Net-Anschluss, also bei einem analogen Telefonanschluss der Deutschen Telekom AG, zur Verfügung.

9.1 Verfügbare Leistungsmerkmale mit einem T-Net-Anschluss

Mit den Beschreibungen auf den nächsten Seiten erhält der Leser eine Vorstellung davon, was mit einem T-Net-Anschluss alles möglich ist. Die wenigsten der Leser werden alle genannten Leistungsmerkmale nutzen wollen.

Bevor wir zur ausführlichen Beschreibung der Leistungsmerkmale kommen, folgt zunächst eine kleine Übersicht, in der die Leistungsmerkmale am T-Net-Anschluss genannt werden.

---

1. Der Begriff *Hook-Flash* wird in Abschnitt 9.5 erklärt.

Grundlegende Leistungen
* Übermittlung der Tarifinformationen
* Einzelverbindungsübersicht
* T-Net-Box
* SMS im Festnetz

Alltägliche Leistungsmerkmale
* Übermittlung, Anzeige und Unterdrückung der Rufnummer
* Rückfrage und Makeln
* Anklopfen
* Dreierkonferenz
* Rückruf bei Besetzt
* Anrufweiterschaltung

Spezielle Leistungsmerkmale
* Parallelruf
* Selektive Anrufweiterschaltung
* Anschlusssperre
* Rufnummernsperre
* Annahme erwünschter Anrufer
* Abweisen unerwünschter Anrufer.

In Abschnitt 9.2 werden die grundlegenden Leistungen des Netzes beschrieben. Dabei handelt es sich um Features, die vom Teilnehmer weder initiiert noch programmiert werden müssen.

In den Abschnitten 9.3 und 9.4 werden dann die eigentlichen Leistungsmerkmale des T-Net-Anschlusses beschrieben. Die Palette der möglichen Leistungen reicht von alltäglichen Features wie Übermittlung der Rufnummer bis hin zu speziellen Leistungen wie z.B. dem Ablehnen unerwünschter Anrufer. Aus diesem Grund habe ich die Beschreibungen der Leistungen auch ein wenig untergliedert. Die Erläuterungen in Abschnitt 9.3 sind sozusagen für den täglichen Bedarf. Etwas speziellere, aber durchaus für den Hausgebrauch noch interessante Leistungsmerkmale, werden dann im Abschnitt 9.4 erläutert.

Alle Leistungsmerkmale wurden in englischer Sprache definiert. Dementsprechend gibt es englische Abkürzungen zu den meisten Leistungsmerkmalen. Diese Abkürzungen wurden am Anfang in deutscher Literatur eher selten benutzt, heute findet man sie öfter vor. Ich habe die Abkürzungen bei den Beschreibungen der einzelnen Leistungen in Klammern angegeben. Die englischen Bedeutungen dieser Abkürzungen und die deutschen Übersetzungen können Sie im Anhang dieses Buches nachlesen.

Aktuelle Informationen zu den Leistungsmerkmalen finden Sie auch im Internet unter `www.telekom.de`. Über diese URL können Sie sich auch darüber informieren, welche Leistungen bei welchem Tarifmodell bereits im Grundpreis enthalten sind.

9.2 Beschreibung der grundlegenden Leistungsmerkmale

In diesem Abschnitt werden die grundlegenden Leistungen des Netzes beschrieben. Dazu zählen Leistungen wie Übermittlung der Tarifinformationen, T-Net-Box, SMS im Festnetz usw. Es handelt sich dabei um Leistungsmerkmale, die vom Teilnehmer nicht initiiert oder programmiert werden müssen, wie dies z.B. bei einer Anrufweiterschaltung der Fall ist.

9.2.1 Übermittlung der Tarifinformationen

Bei einem analogen Telefonanschluss wird, wenn dies beantragt wurde, für jede Tarifeinheit ein Zählimpuls zum Teilnehmer gesendet, auf den ein Einheitenzähler reagiert.

Anmerkung: Falls Sie ein Tarifmodell vereinbart haben, bei dem Ihre Telefongespräche minutengenau abgerechnet werden, zeigt Ihnen Ihr Endgerät evtl. nicht den Geldbetrag an, den Sie wirklich für ein Gespräch zahlen müssen. Dies liegt daran, dass viele Endgeräte noch für das Anzeigen von Tarifeinheiten (z.B. alle 90 Sekunden eine Einheit) ausgelegt sind und nicht für minutengenaue Abrechnung.

9.2.2 Einzelverbindungsübersicht

Sollten Sie eine detailliertere Rechnung benötigen oder wollen, so können Sie dies im T-Punkt beantragen. Sie bekommen dann, auf einer zur Rechnung beiliegenden Liste, jedes abgehende Gespräch einzeln aufgeführt. Auf dieser Einzelverbindungsübersicht (EVÜ) werden zu jedem Telefonat (oder Faxübertragung oder was auch immer) folgende Informationen angegeben:

- Datum
- Beginn
- Dauer

- Zielnummer (Auf Wunsch können die letzten drei Ziffern weggelassen werden.)
- Zielortsnetz oder Name des Landes
- Tarifart
- Gegebenenfalls Sonderleistungen wie z.B. Konferenzschaltungen
- Anzahl der Tarifeinheiten oder Preis pro Minute
- Geldbetrag.

Eine Einzelverbindungsübersicht muss aus Datenschutzgründen schriftlich beantragt werden. Den Antrag müssen alle Personen, die den Telefonanschluss nutzen und älter als 18 Jahre sind, unterschreiben.

9.2.3 T-Net-Box

„Ihre T-Net-Box ist der unsichtbare, leistungsfähige Anrufbeantworter im modernen digitalen T-Net der Deutschen Telekom." So lautet der erste Satz in der Bedienungsanleitung zur T-Net-Box. Es handelt sich bei der T-Net-Box also um einen Anrufbeantworter, der von der Telekom für deren Telefonkunden zur Verfügung gestellt wird. Die T-Net-Box kann aber weit mehr als nur Anrufe beantworten. Ich fasse die Leistungen einmal in einer Aufzählung zusammen:

- Sie können ohne lästige Formulare Ihre persönliche T-Net-Box mit Hilfe eines mehrfrequenzfähigen Telefons einrichten. Sie haben dann die Möglichkeit, einen Begrüßungstext für die Ansage aufzusprechen. Zur Abfrage der hinterlassenen Nachrichten und für weitere Funktionen benutzen Sie eine 4- bis 10-stellige PIN, die beim Einrichten der Box eingegeben wird und jederzeit geändert werden kann.
- Die T-Net-Box kann in zwei Modi betrieben werden: Im *Anrufbeantworterbetrieb* zeichnet die T-Net-Box gesprochene Nachrichten und Faxe auf und im *Ansagebetrieb* bekommt ein Anrufer nur eine Ansage mitgeteilt, wobei es keine Möglichkeit gibt, eine Nachricht zu hinterlassen.
- Der Anrufbeantworter der T-Net-Box übernimmt einen Anruf, je nach Wunsch sofort, nach dem fünften Klingeln oder wenn Sie gerade telefonieren, mit anderen Worten, wenn Ihr Anschluss besetzt ist.
- Wie bereits erwähnt, nimmt die T-Net-Box auch Faxe entgegen. Die Faxnachrichten können dann mit jedem beliebigen Faxgerät (zu Hause, im Büro oder bei Bekannten), bzw. von jedem PC mit Faxmöglichkeit, abgerufen werden. Dieses Leistungsmerkmal ist besonders interessant für Leute, die kein eigenes Faxgerät besitzen und statt dessen den PC zum Faxen verwenden. Die T-Net-Box empfängt die Faxnachrichten und bei der nächsten

Sitzung am PC können diese bequem abgerufen werden. Man ist also jederzeit per Fax erreichbar, ohne dass der PC immer eingeschaltet sein muss.

- Sie können in der T-Net-Box statt eines „normalen" Anrufbeantworters so genannte Family-Boxen einrichten. Dabei erhält jedes Familienmitglied sozusagen seinen eigenen Anrufbeantworter mit eigener PIN. Es können bis zu neun Family-Boxen eingerichtet werden, wobei es auch möglich ist, eine Nachricht für alle Familienmitglieder zu hinterlassen. Die Auswahl der Family-Boxen geschieht über die Tasten 1 bis 9. Ein Ansagetext für die T-Net-Box könnte dann z.B. wie folgt lauten: "Hier ist der unsichtbare, leistungsfähige Anrufbeantworter der Familie Zitt/Helle. Wenn Du Hubert eine Nachricht hinterlassen willst, drücke bitte die 1, für Ulrike drücke die 2, für Jonas die 3 und für Robin die 4. Falls Du eine Nachricht hinterlassen willst, die uns alle angeht, sprich bitte nach dem Signalton."
- Die T-Net-Box kann von jedem Telefon (oder Handy) aus abgefragt werden, wobei eine Abfrage vom eigenen Anschluss aus unkomplizierter ist. Dies liegt daran, dass die Box aufgrund der Übermittlung der Rufnummer direkt erkennt, um welchen Teilnehmer es sich handelt.
- Sie können die T-Net-Box so konfigurieren, dass Sie von ihr informiert werden, wenn eine Nachricht eingegangen ist. Dabei gibt es die Möglichkeit die Nummer des eigenen oder eines „fremden" Telefonanschlusses anzugeben. Außerdem kann man sich auch per SMS (oder Pager) über eine eingegangene Nachricht informieren lassen. Nach Wunsch können Sie für die Benachrichtigung auch ein Zeitfenster angeben, in dem die T-Net-Box Sie erreichen kann, z.B. Werktags zwischen 18 Uhr und 22 Uhr und am Wochenende zwischen 10 Uhr und 21 Uhr.
- Sie können sich bei der T-Net-Box jederzeit wieder abmelden.

Die Bedienung der T-Net-Box ist zwar nicht kompliziert, aber wegen der vielen Möglichkeiten ist eine vollständige Beschreibung sehr umfangreich. Ich verweise an dieser Stelle auf eine Broschüre, die im T-Punkt erhältlich ist. Die gleiche Broschüre kann man sich auch vom Internet-Server der Telekom (www.telekom.de) als PDF-Datei herunterladen.

9.2.4　SMS und MMS im Festnetz

Einleitung

SMS steht für *Short Message Service*. Dabei handelt es sich, wie heute jeder weiß, um die Übermittlung von kurzen Textnachrichten, die in der Regel eine maximale Länge von 160 Zeichen haben können. Von einigen Netzanbietern werden auch so genannte *Long Messages* (maximal 640 Zeichen) unterstützt.

Bei Mobilfunkanbietern gibt es den Short Message Service schon länger. Bis 2001 war SMS jedoch nur von einem Handy zum anderen möglich. Jetzt kann man auch im Festnetz (ISDN und analog) SMS-Nachrichten versenden und empfangen. Das Versenden einer SMS-Nachricht aus dem Festnetz ist möglich an

- einen herkömmlichen Telefonanschluss,
- einen ISDN-Anschluss,
- einen Mobilfunkanschluss,
- einen E-Mail-Empfänger,
- einen Faxanschluss.

Natürlich kann man von diesen unterschiedlichen Anschlussarten auch eine SMS-Nachricht empfangen, mit Ausnahme einer Faxnachricht. Es ist technisch relativ einfach, eine Textnachricht in ein Fax umzuwandeln. Da ein Fax eine Kopie einer beliebigen Seite ist, die auch eine Grafik enthalten kann, ist es jedoch sehr aufwendig bis unmöglich ein Fax in eine Textnachricht umzuwandeln.

Im Festnetz werden SMS-Nachrichten auf ähnliche Weise übertragen wie die Rufnummer eines Anrufers. Für die SMS-Kommunikation ist es deshalb erforderlich, dass am Telefonanschluss das Leistungsmerkmal Rufnummernanzeige (CLIP) freigeschaltet ist. Bei ISDN-Anschlüssen ist dies standardmäßig der Fall. Bei analogen Anschlüssen muss man sich das Leistungsmerkmal gegebenenfalls freischalten lassen.

Versenden von SMS-Nachrichten
Zum Versenden von SMS-Nachrichten im Festnetz benötigen Sie ein SMS-fähiges Telefon oder ein anderes SMS-fähiges Endgerät. Das Erstellen einer SMS-Nachricht funktioniert wie bei einem Handy, also in der Regel durch mehrmaliges Drücken der Zifferntasten.

Beim Versenden einer SMS-Nachricht im Festnetz gibt es einen kleinen Unterschied gegenüber dem Verschicken einer SMS in einem Mobilfunknetz. Ein Handy kommuniziert, solange es eingeschaltet ist, ständig mit dem Mobilfunknetz. Bei einem Telefon am Festnetz ist dies ja nicht der Fall. Zum Versenden einer SMS-Nachricht von einem Festnetztelefon aus, muss deshalb zunächst eine Verbindung zum so genannten SMS-Zentrum hergestellt werden. Die Rufnummer des SMS-Zentrums muss bei einem SMS-fähigen Telefon einprogrammiert werden. Eigentlich sind es zwei Rufnummern. Die erste *SMS-Gateway-Nummer* ist für das Versenden und die zweite für den Empfang zuständig. Wenn Sie über das gleiche SMS-Zentrum senden und empfangen möchten, wird an beiden Stellen die gleiche Nummer angegeben. Mehr zu den beiden SMS-Gateway-Nummern später.

Das SMS-Zentrum der Telekom hat die Rufnummer 0193010. Diese ist bei SMS-fähigen Geräten, die von der Telekom vertrieben werden, bereits voreingestellt. Wenn die Rufnummer des SMS-Zentrums im Telefon einprogrammiert ist, kann eine SMS-Nachricht sofort, also ohne jegliche Anmeldung oder Registrierung bei der Telekom, weggeschickt werden. Sollte Ihr SMS-fähiges Telefon an einer Telefonanlage angeschlossen sein, bedenken Sie, dass gegebenenfalls eine Null (zur Amtsholung) der Rufnummer des SMS-Zentrums vorangestellt werden muss.

Um eine SMS-Nachricht (vom Festnetz der Telekom aus) an ein Faxgerät zu schicken, müssen Sie eine zweistellige Kennzahl vor der Rufnummer (des Faxanschlusses) angeben. Zur Zeit stellt die Telekom folgende Faxseiten zur Verfügung:

- Kennzahl 99: Standard-Fax, deutsche Sprache
- Kennzahl 98: Standard-Fax, englische Sprache
- Kennzahl 97: Glückwunsch-Fax

Wenn Sie also z.B. ein Glückwunsch-Fax an die Rufnummer 06842/7381 schicken möchten, müssen Sie zunächst den Text für die Faxnachricht eingeben und senden diesen dann per SMS an die Rufnummer 97 06842 7381.

Ich habe das einmal getestet und es hat auf Anhieb funktioniert. Ich bekam dann kurze Zeit später vom SMS-Zentrum eine SMS, aus der hervorging, dass meine Nachricht als Fax zugestellt wurde. Falls Sie diese Empfangsbestätigung nicht automatisch erhalten, geben Sie vor dem eigentlichen Text die Sequenz *T# (Stern, T, Raute) ein. Dies veranlasst das SMS-Zentrum dazu, Sie darüber zu informieren, ob Ihre Nachricht zugestellt werden konnte oder nicht.

An ein Faxgerät können übrigens auch Long Messages (640 Zeichen) geschickt werden.

Um eine SMS-Nachricht (vom Festnetz der Telekom aus) als E-Mail zu verschicken, müssen Sie vor dem eigentlichen Text die E-Mail-Adresse des Empfängers eingeben. Nach der E-Mail-Adresse muss ein Leerzeichen stehen. Falls bei Ihrem Endgerät das @-Zeichen (Klammeraffe) nicht zur Verfügung steht, können Sie statt dessen auch einen Stern eingeben. Die SMS wird dann einfach an die Rufnummer 8000 geschickt. Das SMS-Zentrum übernimmt die weitere Zustellung. Der Empfänger erhält dann eine E-Mail mit dem Betreff „Short Message von 068427380“ vom Absender „SMS im Festnetz“, die (zumindest zur Zeit, also 2004) nicht direkt in Form einer E-Mail beantwortet werden kann.

Empfangen von SMS-Nachrichten

Für den Empfang einer SMS-Nachricht am Festnetzanschluss benötigen Sie zunächst keine besondere Hardware. In diesem Fall wird Ihnen die ankommende SMS-Nachricht allerdings (von einem Computer) vorgelesen und natürlich können Sie ohne geeignete Hardware auch nicht (per SMS) darauf antworten.

Für den Empfang einer „echten" SMS-Nachricht ist es, wie bereits erwähnt, erforderlich, dass die Rufnummernanzeige an Ihrem Anschluss freigeschaltet ist. Außerdem benötigen Sie natürlich ein SMS-fähiges Endgerät. Weiterhin müssen Sie sich (einmalig) beim SMS-Zentrum der Telekom als „SMS-Empfänger" registrieren lassen. Tun Sie dies nicht, werden Ihnen ankommende SMS-Nachrichten vorgelesen. Zur Registrierung beim SMS-Zentrum der Telekom schicken Sie einfach eine SMS-Nachricht mit dem Inhalt ANMELD an die Rufnummer 8888. Sie erhalten dann vom SMS-Zentrum eine Bestätigung, die Ihnen als SMS-Nachricht zugeschickt wird. Falls Sie diese Bestätigung nicht unmittelbar nach der Registrierung erhalten, können SMS-Nachrichten an Ihrem Anschluss nicht zugestellt werden. Ein möglicher Grund dafür könnte sein, dass die Rufnummernanzeige für Ihren Anschluss nicht freigeschaltet ist. Rufen Sie in diesem Fall die Service-Hotline der Telekom an (0800 33 01000). Die Hotline-Mitarbeiter können direkt feststellen, ob die Rufnummernanzeige für Ihren Anschluss freigeschaltet ist oder nicht. Gegebenenfalls können Sie dies dann gleich telefonisch beantragen.

Mit einer SMS-Nachricht an die Rufnummer 8888 mit dem Inhalt ABMELD können Sie sich beim SMS-Zentrum als „SMS-Empfänger" auch wieder abmelden. Ankommende SMS-Nachrichten werden Ihnen dann (wieder) vorgelesen.

Anmerkungen zu SMS im Festnetz

Falls Sie SMS im Festnetz über eine Telefonanlage nutzen, kann es Probleme geben. Grenzen Sie in diesem Fall den Fehler zunächst ein, indem Sie z.B. zum SMS-Empfang das Telefon direkt an der ersten TAE-Dose anschließen. Wenn es dann ohne Probleme funktioniert, liegt die Fehlerursache wahrscheinlich an der Telefonanlage.

Das Versenden von SMS-Nachrichten vom Festnetz an Mobilfunknetze funktioniert problemlos. Für den Empfang einer SMS aus einem Mobilnetz kann man das zum jetzigen Zeitpunkt (2004) noch nicht sagen. Über das SMS-Gateway der Telekom können zur Zeit nur SMS-Nachrichten aus dem T-D1-Netz als echte Textnachricht empfangen werden. SMS-Nachrichten aus anderen Mobilnetzen werden vorgelesen. Die Firma Anny Way ist hier schon etwas weiter (`www.sms-im-festnetz.de`). Um SMS-Nachrichten auch aus anderen Mobilfunknetzen empfangen zu können, können Sie in Ihrem Endgerät als zweite SMS-Gateway-Nummer das SMS-Zentrum der Firma Anny Way (019001504) angeben[1]. Damit Sie bei Anny Way als SMS-Empfänger bekannt sind, müssen Sie mindestens eine SMS über deren SMS-Zentrum versenden. Tragen Sie die 019001504 als erste SMS-Gateway-Nummer ein und versenden Sie eine beliebige SMS an einen beliebigen Teilnehmer. Nun können Sie als erste SMS-Gateway-Nummer wieder die 0193010 eintragen[2]. Sie erhalten danach umgehend vom SMS-Zentrum der Firma Anny Way eine SMS zur Bestätigung, dass Sie als SMS-Teilnehmer registriert sind.

Vielleicht denken Sie nun: „Wer verschickt schon eine SMS vom Festnetz zu einem Handy oder umgekehrt?" Nun, SMS im Festnetz gibt es erst seit 2001 und bereits im Jahr 2002 verschickten Telekom-Kunden mehr als acht Millionen SMS aus dem Festnetz in die Mobilfunknetze. Umgekehrt erhielten rund 23 Millionen Festnetzteilnehmer eine SMS aus den Mobilfunknetzen.

Multimedia-Messaging (MMS) im Festnetz wurde auf der CeBIT 2004 vorgestellt. Per MMS können Texte mit einer Länge von bis zu 32.000 Zeichen, digitale Fotos, animierte Grafiken und kurze Tonsequenzen über das Festnetz verschickt und empfangen werden. Selbstverständlich lassen sich auch multimediale Nachrichten zwischen Mobilfunk- und Festnetz austauschen.

Weitere Informationen über SMS und MMS im Festnetz (z.B. weiterleiten einer SMS-Nachricht an die T-Net-Box, SMS-Verteilerlisten, aktuelle Preise für den SMS-Versand usw.) finden Sie unter `www.telekom.de/sms` und unter `www.sms-im-festnetz.de`.

---

1. Auch vom SMS-Zentrum der Fa. Anny Way werden zur Zeit (2004) noch nicht alle Mobilfunknetze unterstützt.
2. Ein Vergleich von Preisen und Leistungen lohnt sich hier. Ein Kriterium für die Wahl des Anbieters könnte z.B. sein, ob man vorwiegend SMS an Festnetzteilnehmer oder an Mobilfunkteilnehmer versendet.

9.3 Beschreibung der alltäglichen Leistungsmerkmale

In diesem Abschnitt werden die Leistungsmerkmale beschrieben, die man im Alltag einsetzt. Hierzu zählen z.B. Rückfrage oder Rückruf bei Besetzt. Es handelt sich um die Standardleistungen, die in der Regel im monatlichen Grundpreis eines T-Net-Anschlusses enthalten sind.

9.3.1 Übermittlung und Anzeige der Rufnummer (CLIP, CLIR)

Wenn Sie angerufen werden, wird im Display Ihres Telefons die Telefonnummer des Anrufers angezeigt, und zwar bereits bevor Sie den Hörer abheben (CLIP).

Im Fachhandel sieht man häufig die Aufschrift CLIP-fähig auf der Verpackung eines analogen Telefons. Dies drückt aus, dass der Apparat in der Lage ist, die Rufnummer des Anrufers anzuzeigen.

Für das Anzeigen der Rufnummer des anderen Teilnehmers müssen jedoch einige Einschränkungen gemacht werden:

Grundvoraussetzung dafür, dass Sie die Rufnummer eines Anrufers angezeigt bekommen, ist, dass dessen Rufnummer auch übermittelt wird. Bei Teilnehmern mit einem analogen Anschluss wird die Übermittlung der Rufnummer erst seit dem 15. Januar 1998 bei neu eingerichteten Telefonanschlüssen generell freigeschaltet. Für Anschlüsse, die bereits vor diesem Stichtag existiert haben, kann die Übermittlung der Rufnummer unter der Telefonnummer 0800 330 1000 beantragt werden. Falls die Übermittlung der Rufnummer bei älteren analogen Anschlüssen nicht explizit beantragt wurde, können diese Nummern beim Angerufenen auch nicht angezeigt werden. Bei ISDN-Anschlüssen war die Übermittlung der Rufnummer vom Anrufer zum Angerufenen von Anfang an freigeschaltet.

Der Anrufer kann die Übermittlung seiner Rufnummer unterdrücken (CLIR), dann wird dessen Nummer nicht angezeigt. Im Display erscheint in diesem Fall, je nach Firmware des Telefons, eine Folge von Kreuzen oder die Meldung „Rufnummer unterdrückt" bzw. „Rufnummer unbekannt". Für die Rufnummernunterdrückung stehen drei Optionen zur Verfügung. Bei CLIR 1 wird die Rufnummer standardmäßig unterdrückt. Man hat dabei die Möglichkeit, die Rufnummer fallweise übermitteln zu lassen. Dies wird dann vor einem abgehenden Gespräch durch eine bestimmte Prozedur am Endgerät der Vermittlungsstelle mitgeteilt. CLIR 1 bedeutet also standardmäßig unterdrückt, fallweise freigegeben.

Bei CLIR 2 wird die Rufnummer standardmäßig übermittelt. Wenn der Anrufer eine Unterdrückung der Rufnummer wünscht, gibt er dies unmittelbar vor der Eingabe einer Rufnummer am Endgerät an. Dies geschieht je nach Endgerät über einen dafür vorgesehenen Menüpunkt oder über eine Tastenkombination in Verbindung mit der Stern- und der Raute-Taste. Nach Auflegen des Hörers wird die fallweise Unterdrückung der Rufnummer automatisch wieder zurückgesetzt. CLIR 2 bedeutet also standardmäßig freigegeben, fallweise unterdrückt.

Die ständige Unterdrückung der Rufnummer ohne die Möglichkeit einer fallweisen Übermittlung wird mit CLIR 3 abgekürzt. Das Ganze nochmals zusammengefasst:

- CLIR 1: standardmäßige Unterdrückung und fallweise Übermittlung der Rufnummer
- CLIR 2: standardmäßige Übermittlung und fallweise Unterdrückung der Rufnummer
- CLIR 3: ständige Unterdrückung der Rufnummer.

Auch wenn die Rufnummer eines Anrufers übermittelt wird, Sie bekommen die Rufnummer nur dann angezeigt, wenn dies von Ihrer Hardware unterstützt wird. Wenn Sie also z.B. ein CLIP-fähiges Telefon an einer Telefonanlage betreiben, kann Ihnen die Rufnummer des anderen Teilnehmers nur angezeigt werden, wenn die Telefonanlage die Übermittlung der Rufnummer auf die Nebenstellen unterstützt.

Bei komfortablen Telefonen kann man Telefonnummern und die zugehörigen Namen im elektronischen Telefonbuch des Apparats speichern. Bei einem Anruf vergleicht dann das Telefon, ob zu der übermittelten Rufnummer ein Eintrag im Telefonbuch vorhanden ist. Ist dies der Fall, wird im Display nicht die Nummer des Anrufers angezeigt, sondern dessen Name.

9.3.2 Rückfrage und Makeln (HOLD)

Während Sie mit einem Teilnehmer A telefonieren, haben Sie die Möglichkeit, ein anderes Gespräch mit einem Teilnehmer B zu führen, ohne die Verbindung zum Teilnehmer A zu beenden. Das Gespräch mit Teilnehmer A wird in dieser Zeit von der Vermittlungsstelle gehalten. Der Grund, um so etwas zu tun, wird meistens der sein, dass man für das Gespräch mit Teilnehmer A Informationen von einem Teilnehmer B benötigt. Im Fachjargon nennt man dies deshalb Rückfrage. Nachdem Sie die Informationen eingeholt haben, können Sie das

Gespräch mit Teilnehmer B beenden und wieder zu Teilnehmer A zurückschalten. Dies ist ein klassisches Beispiel für eine Rückfrage.

Während das Gespräch mit Teilnehmer A gehalten wird, können Sie aber Teilnehmer B auch sagen, er soll dran bleiben und schalten zurück zu A, wobei nun das Gespräch mit Teilnehmer B gehalten wird. Sie haben also zwei Telefonverbindungen, zwischen denen Sie hin- und herschalten können, und zwar beliebig oft. Dieses Hin- und Herschalten wird Makeln genannt.

Rückfrage und Makeln werden über das Leistungsmerkmal Halten (HOLD) realisiert.

9.3.3 Anklopfen (CW)

Wenn Sie das Leistungsmerkmal Anklopfen aktiviert haben und Sie telefonieren mit einem Teilnehmer A, bekommt ein Teilnehmer B, der Sie unter Ihrer Rufnummern anruft, kein Besetztzeichen, sondern einen Rufton. Teilnehmer B bemerkt also nicht, dass Sie gerade telefonieren. Sie werden durch ein akustisches Signal darauf hingewiesen, dass Sie angerufen werden. Wenn Sie den Anruf von Teilnehmer B annehmen, wird das Gespräch mit Teilnehmer A von der Vermittlungsstelle gehalten.

Sobald Sie einen Teilnehmer, der während eines Gesprächs anklopft, annehmen, haben Sie die gleiche Situation wie bei einer Rückfrage. Sie sind mit zwei Teilnehmern verbunden zwischen denen Sie hin- und herschalten (makeln) können.

Wenn Sie einen „Anklopfenden" nicht annehmen, bekommt der Anrufer nach 30 Sekunden das Besetztzeichen und bei Displaytelefonen eine entsprechende Meldung, z.B. „Rufzeit abgelaufen".

9.3.4 Dreierkonferenz (3PTY)

Makeln bedeutet zwar, dass Sie mit zwei Teilnehmern telefonieren können, aber nicht gleichzeitig; Sie können immer nur hin- und herschalten. Bei einer Dreierkonferenz reden Sie mit beiden Teilnehmern gleichzeitig und die beiden anderen Teilnehmer können dabei natürlich auch miteinander reden.

9.3.5 Rückruf bei Besetzt (CCBS)

Wenn Sie jemanden anrufen und dessen Anschluss ist besetzt, können Sie eine bestimmte Prozedur einleiten, bei der die Verbindung automatisch hergestellt wird, sobald der Anschluss des anderen Teilnehmers wieder frei ist. Dabei wird der Status des anderen Anschlusses von der Vermittlungsstelle (TVSt) laufend kontrolliert. Nachdem der Teilnehmer aufgelegt hat, werden zunächst Sie von der TVSt angerufen. Sobald Sie abheben, wird die Verbindung zu dem anderen Teilnehmer aufgebaut und Sie erhalten einen Rufton.

Wenn nach ca. 45 Minuten die Verbindung nicht hergestellt werden konnte, wird „Rückruf bei Besetzt" von der Vermittlungsstelle automatisch deaktiviert.

Bei Nebenstellen von Tk-Anlagen, z.B. von Behörden, ist Rückruf bei Besetzt nicht möglich, weil die Vermittlungsstelle diesen Anschluss nicht direkt überwachen kann.

9.3.6 Anrufweiterschaltung (CFU, CFB, CFNR)

Sie können über Ihr Endgerät, über einen „fremden" Telefonanschluss oder über das Internet der Vermittlungsstelle mitteilen, dass ein für Sie bestimmtes Gespräch auf einen anderen Anschluss umgeleitet werden soll. Dieser Anschluss kann ein herkömmlicher Telefonanschluss, ein ISDN-Anschluss, ein Handy-Anschluss oder was auch immer sein, wobei es auch egal ist, wo (auf der Welt) sich dieser Anschluss befindet. Angenommen, Sie erwarten einen wichtigen Anruf und Sie sind bei Ihren Schwiegereltern zum Kaffee eingeladen. Wenn Sie ihren Anschluss so programmieren, dass jeder Anruf zu den Schwiegereltern umgeleitet wird, sind Sie bei Ihren Schwiegereltern mit Ihrer Telefonnummer erreichbar.

Bei einer Anrufweiterschaltung (AWS), sie wird auch Rufumleitung oder einfach nur Umleitung genannt, kann man angeben, ob der Anruf

- direkt (CFU),
- bei Nichtmelden nach 20 Sekunden (CFNR) oder
- nur bei Besetzt-Status (CFB)

umgeleitet werden soll.

Seit 1999 ist es möglich, eine Rufumleitung per Fernsteuerung zu schalten. Mit anderen Worten: Sie können (per Tonwahlverfahren) von jedem beliebigen Telefon aus für Ihren Anschluss eine Anrufweiterschaltung (CFU, CFB oder CFNR) aktivieren. Mit der Einführung der Fernsteuerung der Anrufweiterschaltung per Telefon wurde es auch möglich, die Rufumleitung über das Internet zu programmieren. Hierauf werde ich in Abschnitt 9.8 noch näher eingehen.

9.4 Beschreibung der speziellen Leistungsmerkmale

In diesem Abschnitt werden etwas speziellere, aber für den Hausgebrauch durchaus noch interessante, Leistungsmerkmale erläutert.

Die hier beschriebenen Leistungsmerkmale werden über die Signale des Tonwahlverfahrens gesteuert. Die Einleitung und die Programmierung dieser Leistungsmerkmale geschieht also im Dialog zwischen Teilnehmer und Vermittlungsrechner, ähnlich wie bei der Abfrage einer Mailbox bei Mobilfunknetzen.

Um vor Missbrauch geschützt zu sein, muss bei der Nutzung einiger Leistungsmerkmale eine 4-stellige Geheimzahl (PIN) eingegeben werden, die man jederzeit ändern kann. Wir werden in Abschnitt 9.7 nochmals darauf zu sprechen kommen.

9.4.1 Parallelruf

Mit der Anrufweiterschaltung können Sie einen Anruf auf einen anderen Anschluss umleiten, der Ruf wird jedoch stets nur an einem Anschluss signalisiert. Mit dem Parallelruf (Einführung: 2. September 2002) können Sie Anrufe gleichzeitig an zwei Anschlüssen signalisieren lassen. Mit anderen Worten: Sie können der Vermittlungsstelle mitteilen, dass beim Anwählen Ihrer Heimatnummer z.B. auch Ihr Handy klingeln soll. Sobald Sie ein Gespräch an einem der beiden Anschlüsse annehmen, ist der andere wieder frei. Ist einer der Anschlüsse besetzt, werden ankommende Anrufe am freien Anschluss signalisiert.

9.4.2 Selektive Anrufweiterschaltung (SCF)

Seit 1. Februar 2002 gibt es die Möglichkeit der Selektiven Anrufweiterschaltung. Dabei können Sie bis zu zehn Rufnummern (z.B. von Geschäftspartnern oder Freunden) eingeben, für die eine Rufumleitung aktiviert werden kann. Mit anderen Worten: Die Anrufweiterschaltung ist nur für die maximal zehn Teilnehmer aktiviert, deren Rufnummern Sie in einer Liste (im Vermittlungsrechner) hinterlegt haben. Alle anderen Anrufe werden nicht umgeleitet.

9.4.3 Anschlusssperre (OCBF, OCBUC)

Mit einer Anschlusssperre können Sie verhindern, dass jemand Ihren Telefonanschluss benutzt, während Sie z.B. in Urlaub oder einfach nur außer Haus sind. Es gibt zwei Arten der Anschlusssperre:

- Feste Anschlusssperre (OCBF)
- Veränderbare Anschlusssperre (OCBUC)

Die feste Anschlusssperre (OCBF) wird von der Telekom eingerichtet. Sie wird als zeitlich befristete oder als unbefristete Sperre angeboten. Der Kunde kann dabei den Anschluss sowohl für abgehende Gespräche, als auch für ankommende Gespräche, sperren lassen. Für abgehende Verbindungen kann eine Sperre auch entsprechend den Sperrklassen (siehe weiter unten) beantragt werden.

Eine veränderbare Anschlusssperre (OCBUC) richtet sich der Teilnehmer durch Eingabe einer Tastenkombination selbst ein. Es handelt sich dabei um eine abgehende Sperre, d.h. ankommende Gespräche können bei aktivierter Sperre wie gewohnt entgegengenommen werden.

Für abgehende Verbindungen kann eine so genannte Sperrklasse angegeben werden. Folgende Sperrklassen stehen zur Verfügung:

1: alle abgehenden Verbindungen außer den Notrufnummern 110 und 112

2: alle abgehenden Verbindungen mit Ausnahme von Cityverbindungen und den Nummern 0190 oder 0900 des Privaten Informationsdienstes (PID)

3: Auslandsverbindungen, beginnend mit 00

4: Interkontinentalverbindungen, beginnend mit 0012 bis 0019, 002 und 005 bis 009

5: PID

6: Fernverbindungen und PID

7: Auslandsverbindungen und PID

8: Interkontinentalverbindungen und PID

Anmerkungen:

In manchen Broschüren werden die Sperrklassen als Verkehrseinschränkungsklassen, kurz VKL, bezeichnet. Die einzelnen Sperrklassen heißen dann VKL 1, VKL 2 usw.

Die Rufnummern des Privaten Informationsdienstes (PID) beginnen zur Zeit mit 0190 oder 0900. Ich schreibe hier bewusst „zur Zeit", weil es sein kann, dass alle Rufnummern nach und nach auf 0900 umgestellt werden. Der Grund dafür ist, dass die so genannte 1er-Gasse von der Telekom für andere Telefonanbieter freigemacht wird. Aus dem gleichen Grund werden/wurden auch die 0130er-Nummern (freecall) durch 0800er-Nummern ersetzt.

In Zusammenhang mit anderen Anbietern ist auch erwähnenswert, dass man für die 1er-Gasse ebenfalls eine Sperre einrichten lassen kann. Diese so genannte 010-Sperre verhindert, dass ein Teilnehmer (z.B. ein Mitarbeiter einer Firma) über einen fremden Provider telefonieren kann. Je nach dem, bei welchem Anbieter man unter Vertrag steht, kann natürlich auch die Telekom ein fremder Provider sein.

9.4.4 Rufnummernsperre

Mit der Rufnummernsperre können Sie ganz gezielt bestimmte Rufnummern oder Rufnummerngruppen bzw. Rufnummernbereiche für abgehende Gespräche sperren oder zulassen. Rufnummerngruppen oder -bereiche sind z.B. alle 0190-Nummern, alle Rufnummern, die mit 01805 beginnen, oder z.B. 06842 73....

Es gibt zwei Arten der Rufnummernsperre:

- Feste Rufnummernsperre
- Veränderbare Rufnummernsperre

Die feste Rufnummernsperre wird von der Telekom eingerichtet. Bei der veränderbaren Rufnummernsperre kann man die Rufnummern (bzw. Rufnummerngruppen oder Rufnummernbereiche), die gesperrt oder zugelassen sein sollen, selbst eingeben.

In der Variante 1 der Rufnummernsperre (gesperrte Ziele) haben Sie die Möglichkeit, maximal zehn Rufnummern für abgehende Gespräche zu sperren. Mit anderen Worten: Von Ihrem Anschluss aus können diese zehn Nummern(bereiche) nicht angewählt werden. Die Rufnummern werden in einer Liste (im Vermittlungsrechner) hinterlegt. Diese Liste wird auch Black-List genannt.

In der Variante 2 (ausschließliche Ziele bzw. zugelassene Ziele) können nur diese maximal zehn Rufnummern(bereiche) von Ihrem Anschluss aus erreicht werden. Es ist dann also nicht möglich, andere Teilnehmer anzurufen. Die Liste für die zugelassenen Ziele wird auch White-List genannt.

Die Notrufnummern 110 und 112 werden durch die Rufnummernsperre nicht gesperrt. Weiterhin wirkt sich die Rufnummernsperre nicht auf ankommende Gespräche aus. Zur Aktivierung, Deaktivierung und Modifikation der veränderbaren Rufnummernsperre müssen Sie Ihre PIN eingeben.

9.4.5 Annahme erwünschter Anrufer (SCA)

Die Annahme erwünschter Anrufer ist das Pendant zur Rufnummernsperre für ankommende Anrufe. Mit diesem Leistungsmerkmal bestimmen Sie ganz gezielt, welche Gespräche bei Ihnen ankommen dürfen. Es können bis zu 30 Rufnummern oder Rufnummernbereiche angegeben werden. Nach Aktivierung des Leistungsmerkmals können Sie nur noch von den ausgewählten Anrufern erreicht werden, alle anderen werden abgewiesen.

9.4.6 Abweisen unerwünschter Anrufer (SCR)

Mit dem Leistungsmerkmal Abweisen unerwünschter Anrufer können Sie ganz gezielt Anrufe von bestimmten Rufnummern abweisen. Bis zu 20 Rufnummern oder Rufnummernbereiche können in eine Sperrliste (im Vermittlungsrechner) eingegeben werden.

9.5 Voraussetzungen für die Nutzung der Leistungsmerkmale

Einige der in den vorherigen Abschnitten genannten Leistungsmerkmale des T-Net können Sie ohne besondere Hardware nutzen. Voraussetzung ist allerdings, dass Sie ein Telefon mit Mehrfrequenzwahlverfahren verwenden.

Bei Rückfrage, Makeln und Dreierkonferenz müssen Sie während einer Verbindung mit der Vermittlungsstelle kommunizieren. Da es aber bei einem analogen Anschluss (im Gegensatz zu ISDN) keinen Steuerkanal gibt, den man unabhängig von der Übertragung der Sprachinformationen verwenden kann, muss zur Steuerung dieser Leistungsmerkmale der andere Teilnehmer stets von der Vermittlungsstelle geparkt werden. Sobald dies geschehen ist, kann der „normale" Übertragungskanal genutzt werden, um der Vermittlungsstelle Steuersignale zuzusenden.

Um während einer Verbindung der Vermittlungsstelle mitzuteilen, dass der andere Teilnehmer geparkt werden soll, benötigt man ein Telefon mit einer R-Taste (Rückfrage-Taste) mit Hook-Flash-Funktion oder ein bisschen Gefühl im Zeigefinger.

Was ist ein Hook-Flash?
In den USA gab es Anklopfen, sowie Rückfrage und Makeln, schon lange bevor dies in Deutschland bekannt war. Wenn jemand während eines Gesprächs am Telefon anklopft, drückt die Amerikanerin oder der Amerikaner kurz auf die Gabel und hat damit zu dem anderen Teilnehmer umgeschaltet. Es wird

durch kurzes „manuelles" Unterbrechen der Verbindung also ein Flash er-zeugt. Der Flash wurde bereits in Abschnitt 5.1 „Die Funktion der R-Taste" er-klärt. Man gibt damit der Vermittlungsstelle (oder auch einer Telefonanlage) bekannt, dass man mit ihr kommunizieren will. Das englische Wort „hook" heißt eigentlich Haken, es wird jedoch auch für die Gabel des Telefons be-nutzt. So entstand wohl die Bezeichnung Hook-Flash.

Die deutschen Vermittlungsstellen reagieren etwas penibler auf einen Hook-Flash als die amerikanischen. Drückt man nämlich die Gabel zu lange, wird die Verbindung unterbrochen. Bei zu kurzem Drücken wird der Hook-Flash nicht erkannt. Aus diesem Grund kann die Hook-Flash-Funktion bei neueren Telefonen durch Drücken der R-Taste erzeugt werden. Ob Ihr Telefon für die Hook-Flash-Funktion konzipiert ist, können Sie der zugehörigen Bedienungs-anleitung entnehmen.

Ein Hook-Flash wird von der Vermittlungsstelle als solcher erkannt, wenn die Verbindung zwischen 170 ms und 310 ms unterbrochen war. Die Länge eines normalen Flash dauert ca. 80 ms bis 100 ms und wird vorwiegend zur Steue-rung von Telefonanlagen verwendet.

Mit etwas Übung können Sie einen Hook-Flash auch in Deutschland durch kurzes Drücken (ca. ¼ Sekunde) der Gabel erzeugen und so mit einem etwas älteren Telefon makeln und eine Dreierkonferenz schalten. Mit einem Funkte-lefon wird das nicht funktionieren, weil die Verbindung in der Basisstation elektronisch unterbrochen wird. An einem solchen Gerät muss die Hook-Flash-Funktion implementiert sein, wenn Sie am analogen Telefonanschluss makeln wollen.

Wenn Sie die Leistungsmerkmale Rückfrage, Makeln und Dreierkonferenz be-antragt haben, wenn die Vermittlungsstelle von Ihrem (analogen) Anschluss also einen Hook-Flash akzeptiert, dann müssen Sie zwischen zwei Telefonge-sprächen den Hörer für mindestens eine halbe Sekunde auflegen bzw. die Ga-bel heruntergedrückt halten. Wenn Sie zwischen zwei Gesprächen die Verbin-dung nicht lange genug unterbrechen, interpretiert die Vermittlungsstelle dies als Hook-Flash und nicht als Auflegen.

9.6 Bedienungsanleitung für die alltäglichen Leistungsmerkmale

Die in diesem Abschnitt beschriebenen alltäglichen Leistungsmerkmale wer-den mit Tonwahlsequenzen oder mit Hilfe eines Hook-Flashs initiiert.

9.6.1 Fallweise Unterdrückung der Rufnummer

Wenn die Übermittlung der Rufnummer für Ihren Anschluss freigeschaltet ist, können Sie für jedes Gespräch individuell entscheiden, ob die Rufnummer übertragen werden soll oder nicht. Diese fallweise Unterdrückung der Rufnummer wird für das darauf folgende Gespräch wie folgt initiiert:

- Hörer abnehmen und Wählton abwarten
- *31# wählen
- Zielnummer eingeben
- Gespräch führen, für das die Übermittlung der Rufnummer unterdrückt wird.

Mit dem Auflegen des Hörers nach dem Gespräch wird die Unterdrückung der Rufnummer automatisch wieder zurückgesetzt.

9.6.2 Anklopfen

Während bei einem ISDN-Telefon ein ankommender Ruf während eines Telefonats im Display angezeigt wird, hört man bei einem analogen Telefon ein akustisches Signal wenn jemand anklopft.

Sie können die Funktion Anklopfen an- bzw. abschalten.

Aktivieren (Anklopfen erlauben)
- Hörer abnehmen und Wählton abwarten
- *43# eingeben
- Ansage abwarten („Das Dienstmerkmal ist aktiviert.")
- Hörer auflegen

Deaktivieren (Anklopfen nicht erlauben)
- Hörer abnehmen und Wählton abwarten
- #43# eingeben
- Ansage abwarten („Das Dienstmerkmal ist deaktiviert.")
- Hörer auflegen

Annehmen, ohne die erste Verbindung zu unterbrechen
Sie telefonieren und bekommen akustisch signalisiert, dass jemand anklopft. Sie haben 30 Sekunden Zeit, den Anruf anzunehmen.

- R-Taste drücken oder Gabel kurz herunterdrücken (Hook-Flash)
- Sonderwählton abwarten
- 2 drücken

Die erste Verbindung wird nun gehalten, die zweite ist aktiv.

Annehmen bei Beenden der ersten Verbindung
Sie telefonieren und bekommen akustisch signalisiert, dass jemand anklopft.

- Innerhalb von 30 Sekunden den Hörer auflegen
- Das Telefon klingelt
- Anruf annehmen

Abweisen des „Anklopfenden"
Sie telefonieren und bekommen akustisch signalisiert, dass jemand anklopft. Sie wollen aber nicht gestört werden und deshalb den anklopfenden Teilnehmer abweisen.

- R-Taste drücken oder Gabel kurz herunterdrücken (Hook-Flash)
- Sonderwählton abwarten
- 0 drücken

Der „Anklopfton" verstummt und der „Ankopfende" erhält den Besetztton.

Hinweis
Bei einer Daten- oder Faxübertragung kann es zu Störungen kommen, wenn in dieser Zeit jemand anklopft. Für DFÜ-Sitzungen und an Faxanschlüssen sollten Sie deshalb das Leistungsmerkmal Anklopfen nicht aktivieren.

9.6.3 Rückfrage

Sie telefonieren und wollen einen anderen Teilnehmer anrufen, ohne dass die Verbindung zum ersten Teilnehmer unterbrochen wird.

- R-Taste drücken oder Gabel kurz herunterdrücken (Hook-Flash)
- Sonderwählton abwarten
- Nummer des zweiten Teilnehmers eingeben

Die Verbindung zum ersten Teilnehmer wird gehalten.

9.6.4 Makeln

Es bestehen bereits durch Anklopfen oder Rückfrage zwei Verbindungen. Eine davon ist aktiv, die andere wird gehalten. Sie wollen makeln.

- R-Taste drücken oder Gabel kurz herunterdrücken (Hook-Flash)
- Sonderwählton abwarten
- 2 drücken

Dies kann, solange keiner der Teilnehmer die Verbindung beendet, beliebig oft wiederholt werden.

Beenden einer Verbindung

Um eine Verbindung zu beenden, gehen Sie wie folgt vor:

- Die Verbindung, die beendet werden soll, aktiv schalten
- R-Taste drücken oder Gabel kurz herunterdrücken (Hook-Flash)
- Sonderwählton abwarten
- 1 drücken

Danach haben sie den anderen Teilnehmer automatisch wieder in der Leitung.

Falls Sie beim Makeln oder bei einer Rückfrage den Hörer auflegen und es wird von der Vermittlungsstelle noch ein Gespräch gehalten, läutet Ihr Telefon kurz nach dem Auflegen des Hörers ca. dreimal. Wenn Sie dann den Hörer abheben, sind Sie direkt mit dem Teilnehmer verbunden. Heben Sie in dieser Zeit den Hörer nicht ab, wird die Verbindung beendet.

9.6.5 Dreierkonferenz

Einleiten

Es bestehen bereits durch Anklopfen oder Rückfrage zwei Verbindungen. Eine davon ist aktiv, die andere wird gehalten. Sie wollen eine Dreierkonferenz schalten.

- R-Taste drücken oder Gabel kurz herunterdrücken (Hook-Flash)
- Sonderwählton abwarten
- 3 drücken

Beenden

Die drei Gesprächspartner sind zusammengeschaltet. Um die Konferenz zu beenden, ohne die Verbindungen zu unterbrechen, können Sie wieder makeln, also:

- R-Taste drücken oder Gabel kurz herunterdrücken (Hook-Flash)
- Sonderwählton abwarten
- 2 drücken

Der eine Teilnehmer ist jetzt wieder in der Warteschleife, die andere Verbindung ist aktiv.

9.6.6 Anrufweiterschaltung (Rufumleitung)

Mit den folgenden Prozeduren kann eine Anrufweiterschaltung (AWS) aktiviert bzw. deaktiviert werden.

Aktivieren

- Hörer abnehmen und Wählton abwarten
- *21* für AWS sofort
  61 für AWS nach 20 Sekunden
  67 für AWS bei besetzt
- Zielnummer eingeben
- # drücken
- Ansage abwarten („Das Dienstmerkmal ist aktiviert")
- Hörer auflegen

Deaktivieren

- Hörer abnehmen und Wählton abwarten
- #21# für AWS sofort
  #61# für AWS nach 20 Sekunden
  #67# für AWS bei besetzt
- Ansage abwarten („Das Dienstmerkmal ist deaktiviert")
- Hörer auflegen

Hinweise

Bei aktivierter Anrufweiterschaltung hören Sie beim Abheben einen Sonderwählton im Hörer. Dieser soll Sie an die aktivierte Anrufweiterschaltung erinnern. Dies gilt nur für den analogen Anschluss, bei ISDN wird eine aktivierte Anrufweiterschaltung auf dem Display des Telefons angezeigt.

Durch eine Neueingabe einer Anrufweiterschaltung mit einer anderen Zielnummer wird eine bereits bestehende AWS „überschrieben".

Die Varianten „AWS nach 20 Sekunden" und „AWS bei besetzt" können beide gleichzeitig und unabhängig voneinander aktiviert werden, d.h. es können auch unterschiedliche Zielnummern angegeben werden.

Abgehende Telefonate sind auch bei einer aktivierten AWS wie gewohnt möglich.

9.6.7 Rückruf bei Besetzt

Sie können das Leistungsmerkmal Rückruf bei Besetzt aktivieren und deaktivieren. Eine Überprüfung, ob ein Rückruf aktiviert wurde, ist ebenfalls möglich.

Aktivieren
- Hörer abnehmen und Wählton abwarten
- Zielnummer eingeben (Anschluss ist besetzt)
- R-Taste drücken oder Gabel kurz herunterdrücken (Hook-Flash)
- Sonderwählton abwarten
- *37# wählen
- Ansage abwarten („Das Dienstmerkmal ist aktiviert")
- Hörer auflegen

Deaktivieren
- Hörer abnehmen und Wählton abwarten
- #37# wählen
- Ansage abwarten („Das Dienstmerkmal ist deaktiviert.")
- Hörer auflegen

Automatischen Rückruf annehmen
Sobald der Angerufene den Hörer aufgelegt hat, läutet bei Ihnen das Telefon.

- Hörer abnehmen
- Der Angerufene wird nun erneut automatisch gerufen und Sie hören den Freiton.

Wenn der Angerufene sich meldet, wird der automatische Rückruf gelöscht.

Überprüfen der Aktivierung
- Hörer abnehmen und Wählton abwarten
- *#37# wählen
- Ansage abwarten („Dienstmerkmal ist aktiviert/deaktiviert")
- Hörer auflegen

Hinweise
Ein automatischer Rückruf bleibt maximal 45 Minuten aktiviert. War innerhalb dieser Zeit kein Rückruf möglich, wird die Aktivierung automatisch gelöscht.

Es kann vorkommen, dass bei einem automatischen Rückruf der Zielanschluss bereits wieder besetzt ist. Dies passiert dann, wenn der Angerufene unmittelbar nach Beenden des Gesprächs wieder telefoniert. Sie erhalten dann natürlich den Besetztton. Legen Sie in dem Fall den Hörer einfach wieder auf, denn der Rückruf bleibt solange aktiviert, bis eine Verbindung zustande gekommen ist oder bis die 45 Minuten vorbei sind.

9.7 Bedienungsanleitung für die speziellen Leistungsmerkmale

Die in diesem Abschnitt beschriebenen Leistungsmerkmale werden im Dialog mit dem Vermittlungsrechner initiiert und programmiert. Es werden hier nicht alle verfügbaren Leistungsmerkmale an einem T-Net-Anschluss beschrieben. Es soll vielmehr gezeigt werden, wie Leistungsmerkmale mit Listeneinträgen, z.B. die Selektive Anrufweiterschaltung, konfiguriert werden. Vollständige und aktuelle Bedienungsanleitungen für die Leistungsmerkmale des T-Net erhalten Sie im T-Punkt. Die Bedienungsanleitungen stehen auch als PDF-Dateien zum Download zur Verfügung. Suchen Sie unter `www.telekom.de` nach dem Stichwort *Bedienungsanleitung* oder nach den Dateien *t-net-bed.pdf* und *T-Net_Sicherheitspaket.pdf*

9.7.1 PIN ändern

Zur Aktivierung, Deaktivierung und Änderung einiger Leistungsmerkmale müssen Sie eine 4-stellige Geheimzahl (PIN) verwenden. Die PIN ist für alle Leistungsmerkmale (für ihren Telefonanschluss) identisch und wird vom System mit 0000 vorbesetzt. Zum Ändern der PIN gehen Sie folgendermaßen vor:

- Hörer abnehmen und Wählton abwarten
- *99* eingeben
- alte 4-stellige PIN eingeben (beim ersten Mal 0000)
- * drücken
- neue 4-stellige PIN eingeben
- * drücken
- neue 4-stellige PIN nochmals eingeben
- # drücken
- Ansage abwarten („Das Dienstmerkmal ist aktiviert")
- Hörer auflegen

Hinweis: Die PIN kann nur *am* eigenen Telefonanschluss *für* den eigenen Telefonanschluss geändert werden.

9.7.2 Zurücksetzen der Leistungsmerkmale

Mit dieser Funktion können alle aktivierten Leistungsmerkmale für einen Anschluss ausgeschaltet werden.

- Hörer abnehmen und Wählton abwarten
- *001* eingeben

- 4-stellige PIN eingeben
- # drücken
- Ansage abwarten („Das Dienstmerkmal ist deaktiviert.")
- Hörer auflegen

9.7.3 Selektive Anrufweiterschaltung

Bei der Selektiven Anrufweiterschaltung können Sie bis zu zehn Rufnummern in einer Liste (im Vermittlungsrechner) hinterlegen, für die eine Anrufweiterschaltung aktiviert werden soll. Alle anderen Anrufe werden nicht umgeleitet.

Aktivieren
- Hörer abnehmen und Wählton abwarten
- *212* für Selektive AWS sofort
  213 für Selektive AWS nach 20 Sekunden
  214 für Selektive AWS bei besetzt
- Zielnummer eingeben
- # drücken
- Ansage abwarten („Das Dienstmerkmal ist aktiviert")
- Hörer auflegen

Deaktivieren
- Hörer abnehmen und Wählton abwarten
- #212 für Selektive AWS sofort
  #213 für Selektive AWS nach 20 Sekunden
  #214 für Selektive AWS bei besetzt
- # drücken
- Ansage abwarten („Das Dienstmerkmal ist deaktiviert")
- Hörer auflegen

Liste erstellen oder bearbeiten
- Hörer abnehmen und Wählton abwarten
- *211* eingeben
- Listenplatz eingeben (1 bis 10)
- * drücken
- eine der 10 Rufnummern eingeben, für die eine AWS aktiviert werden soll
- # drücken
- Ansage abwarten („Das Dienstmerkmal ist aktiviert")
- Hörer auflegen

Listeneintrag löschen
- Hörer abnehmen und Wählton abwarten
- #211* eingeben
- Listenplatz eingeben (1 bis 10)
- # drücken
- Ansage abwarten („Das Dienstmerkmal ist deaktiviert")
- Hörer auflegen

Löschen der gesamten Liste
- Hörer abnehmen und Wählton abwarten
- #211* eingeben
- 0 drücken
- # drücken
- Ansage abwarten („Das Dienstmerkmal ist deaktiviert")
- Hörer auflegen

9.7.4 Parallelruf

Mit dem Parallelruf können Sie Anrufe gleichzeitig an zwei Anschlüssen signalisieren lassen. Mit anderen Worten: Sie können der Vermittlungsstelle mitteilen, dass beim Anwählen Ihrer Heimatnummer z.B. auch Ihr Handy klingeln soll. Sobald Sie ein Gespräch an einem der beiden Anschlüsse annehmen, ist der andere wieder frei. Ist einer der Anschlüsse besetzt, werden ankommende Anrufe am freien Anschluss signalisiert.

Aktivieren
- Hörer abnehmen und Wählton abwarten
- *481* eingeben
- Zielnummer (Parallelrufnummer) mit Vorwahl eingeben
- # drücken
- Ansage abwarten („Das Dienstmerkmal ist aktiviert")
- Hörer auflegen

Deaktivieren
- Hörer abnehmen und Wählton abwarten
- #481 eingeben
- # drücken
- Ansage abwarten („Das Dienstmerkmal ist deaktiviert")
- Hörer auflegen

Überprüfen der Aktivierung
* Hörer abnehmen und Wählton abwarten
* *#481 eingeben
* # drücken
* Ansage abwarten („Dienstmerkmal ist aktiviert/deaktiviert")
* Hörer auflegen

9.8 Fernsteuerung der Anrufweiterschaltung

Ich erläutere die Fernsteuerung der Anrufweiterschaltung in einem eigenen Abschnitt, weil sich dieses Leistungsmerkmal von den anderen in einigen Punkten unterscheidet:

1. Die Fernsteuerung der Anrufweiterschaltung per Telefon ist von jedem beliebigen Telefonanschluss aus möglich. Hierzu wählt man sich bei einem so genannten Servicepoint ein, der für das entsprechende Ortsnetz zuständig ist.

2. Das Leistungsmerkmal Fernsteuerung der Anrufweiterschaltung kann auch über das Internet initiiert werden.

9.8.1 Fernsteuerung per Telefon

Seit 1999 ist es möglich, eine Rufumleitung per Fernsteuerung zu programmieren. Mit anderen Worten: Sie können per Tonwahlverfahren, von jedem beliebigen Telefon aus, für Ihren Anschluss eine Anrufweiterschaltung (CFU, CFB oder CFNR) aktivieren. Dabei wählen Sie sich aus der Ferne beim Servicepoint für Ihr Ortsnetz ein. Sie hören dann eine Hinweisansage und werden im weiteren Verlauf mit Ansagen durch die Prozeduren geführt.

Das Leistungsmerkmal Fernsteuerung der Anrufweiterschaltung muss bei der Telekom (per Internet, im T-Punkt oder per Service-Hotline) beantragt werden. Mit der Auftragsbestätigung erfahren Sie dann auch die Rufnummer des Servicepoints für Ihr Ortsnetz.

Aktivieren
* Hörer abnehmen und Wählton abwarten
* Rufnummer des Servicepoint eingeben
* Sie hören eine Hinweisansage
* Heimatrufnummer (ohne Vorwahl!) eingeben
* * drücken

- 4-stellige PIN eingeben
- # drücken
- Sie hören eine Hinweisansage
- *21* für AWS sofort
  61 für AWS nach 20 Sekunden
  67 für AWS bei besetzt
- Zielnummer eingeben
- # drücken
- Ansage abwarten („Das Dienstmerkmal ist aktiviert")
- Hörer auflegen

Deaktivieren
- Hörer abnehmen und Wählton abwarten
- Rufnummer des Servicepoint eingeben
- Sie hören eine Hinweisansage
- Heimatrufnummer (ohne Vorwahl!) eingeben
- * drücken
- 4-stellige PIN eingeben
- # drücken
- Sie hören eine Hinweisansage
- #21# für AWS sofort
  #61# für AWS nach 20 Sekunden
  #67# für AWS bei besetzt
- Ansage abwarten („Das Dienstmerkmal ist deaktiviert")
- Hörer auflegen

Überprüfen der Aktivierung
- Hörer abnehmen und Wählton abwarten
- Rufnummer des Servicepoint eingeben
- Sie hören eine Hinweisansage
- Heimatrufnummer (ohne Vorwahl!) eingeben
- * drücken
- 4-stellige PIN eingeben
- # drücken
- Sie hören eine Hinweisansage
- *#21# für AWS sofort
  *#61# für AWS nach 20 Sekunden
  *#67# für AWS bei besetzt
- Ansage abwarten („Das Dienstmerkmal ist aktiviert/deaktiviert")
- Hörer auflegen.

9.8.2 Fernsteuerung per Internet

Wenn es möglich ist, per Telefonanruf eine Rufumleitung für einen Telefonanschluss zu programmieren, dann braucht man ja „nur" in dem Servicepoint-Rechner eine Schnittstelle zu implementieren, um diese Steuerung auch über das Internet bedienen zu können.

Zunächst war die so genannte *Online-Konfiguration* nur für ISDN-Anschlüsse möglich, seit Mai 2003 können auf diese Weise auch herkömmliche Anschlüsse (T-Net-Anschlüsse) über das Internet konfiguriert werden.

Geben Sie als URL www.t-com.de ein. Klicken Sie dort auf PRIVATKUNDEN, dann auf MEINE T-COM und schließlich auf ANSCHLUSSEINSTELLUNGEN, um Ihren Anschluss über das Internet zu konfigurieren.

Mit der URL www.telekom.de/t-isdn-konfiguration gelangen Sie direkt zu dieser Seite. Lassen Sie sich durch die Angabe von *ISDN* in der URL nicht verwirren, ISDN-Anschlüsse und analoge Anschlüsse werden über die gleiche Internetadresse konfiguriert.

Um die Konfiguration über das Internet zu nutzen, müssen Sie sich zunächst durch Angabe Ihrer Kundennummer und Ihrer Telefonnummer unter der oben genannten URL anmelden und registrieren lassen. Sie erhalten dann einige Tage später einen Brief (auf Papier) mit einem Passwort. Nach Eingabe Ihrer Kundennummer und des Passworts erscheint das Dialogfenster, das in *Abb. 9.1* gezeigt wird.

In einem Eingabefeld wird Ihre Rufnummer angezeigt. Falls Sie mehrere Rufnummern haben, wählen Sie zunächst die Rufnummer aus, für die Sie ein Leistungsmerkmal konfigurieren wollen. Zum Einrichten einer Anrufweiterschaltung klicken Sie auf die entsprechende Schaltfläche. In *Abb. 9.2* wird das Dialogfenster für die Konfiguration einer Anrufweiterschaltung für die Rufnummer 06842/7380 gezeigt.

Nach Eingabe der Art der Anrufweiterschaltung und der Zielnummer klicken Sie auf die Schaltfläche AUSFÜHREN. Sie können die Anrufweiterschaltung (natürlich) von zu Hause aus auf übliche Weise (also per Telefon) wieder deaktivieren.

Neben der Konfiguration einiger Leistungsmerkmale können Sie sich als registrierter „Online-Konfigurator" per Internet auch anschauen, welche Leistungsmerkmale an Ihrem Anschluss verfügbar sind. In einer Liste werden alle Leistungsmerkmale, die an dem Anschluss möglich sind, aufgeführt. Die verfügbaren Leistungsmerkmale werden in fetter Schrift angezeigt (siehe *Abb. 9.3*).

Abb. 9.1: Dialogfenster für die Online-Konfiguration

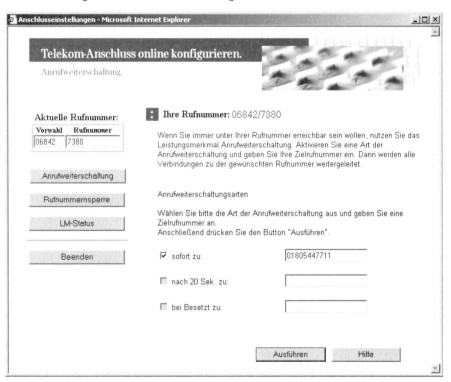

Abb. 9.2: Anrufweiterschaltung per Internet

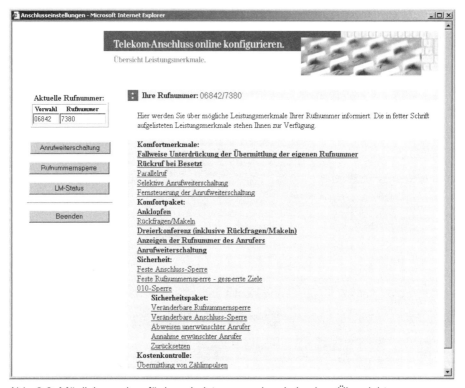

Abb. 9.3: Mögliche und verfügbare Leistungsmerkmale in einer Übersicht

9.9 Schnellübersicht zur Nutzung der Leistungsmerkmale

Zur besseren Übersicht werden die Tastenkombinationen zur Nutzung der Leistungsmerkmale in *Tabelle 9.1* nochmals auf einer Seite zusammengefasst.

Anmerkung zu *Tabelle 9.1*: Das R in der Spalte „Bedienung am Telefon" steht für die R-Taste, also für die Rückfrage-Taste, wobei vorausgesetzt wird, dass durch Drücken dieser Taste ein Hook-Flash initiiert wird. Bei Telefonen, die nicht für einen Hook-Flash programmiert werden können, muss an dieser Stelle kurz (ca. ¼ Sekunde) die Hörergabel gedrückt werden.

Tabelle 9.1: Schnellübersicht zur Bedienung der T-Net-Leistungsmerkmale

Leistungsmerkmal	Funktion/Bemerkungen	Bedienung am Telefon
Anklopfen	Aktivieren (Anklopfen erlauben)	*43#
	Deaktivieren (Anklopfen nicht erlauben)	#43#
	Anruf annehmen	R2
	Anruf abweisen	R0
Rückfrage	Einleiten	R Zielnummer
Makeln	Makeln	R2
	Beenden der aktiven Verbindung	R1
Dreierkonferenz	Einleiten	R3
	Beenden	R2
PIN ändern	PIN ist vom System mit 0000 vorbesetzt	*99* PIN1 * PIN2 * PIN2 #
Zurücksetzten	aktivierte Leistungsmerkmale ausschalten	*001* PIN #
Unterdrückung der Rufnummer	nur für das folgende Gespräch	*31# Zielnummer
Rückruf bei Besetzt	Aktivieren (Teilnehmer ist besetzt)	*37#
	Deaktivieren	#37#
	Überprüfen der Aktivierung	*#37#
Anrufweiterschaltung	Aktivieren sofort	*21* Zielnummer #
	Aktivieren nach 20 Sekunden	*61* Zielnummer #
	Aktivieren bei besetzt	*67* Zielnummer #
	Deaktivieren sofort	#21 #
	Deaktivieren nach 20 Sekunden	#61 #
	Deaktivieren bei besetzt	#67 #
Selektive Anrufweiterschaltung	Aktivieren sofort	*212* Zielnummer #
	Aktivieren nach 20 Sekunden	*213* Zielnummer #
	Aktivieren bei besetzt	*214* Zielnummer #
	Deaktivieren sofort	#212 #
	Deaktivieren nach 20 Sekunden	#213 #
	Deaktivieren bei besetzt	#214 #
Parallelruf	Aktivieren	*481* Zielnummer #
	Deaktivieren	#481 #
	Überprüfen der Aktivierung	*#481 #

10 DSL

Die Abkürzung DSL steht für *Digital Subscriber Line*, auf deutsch sinngemäß: Digitale Teilnehmer-Anschlussleitung. Die Übersetzung könnte zu dem Trugschluss verleiten, dass man für einen DSL-Anschluss eine eigene Leitung benötigt. Das ist für den „normalen" DSL-Anschluss im privaten Bereich nicht der Fall. Die DSL-Signale werden hierbei über die gleichen Kupferadern übertragen wie die ISDN-Signale oder die analogen Signale beim herkömmlichen Telefonanschluss.

Ein privater DSL-Anschluss dient einzig und allein dazu, eine Verbindung zum Internet herzustellen.

Die Präsenz im Internet wird, gerade für Firmen, immer wichtiger. Und je mehr Firmen im Internet präsent sind, desto interessanter wird ein Internetzugang im privaten Bereich. Das Internet ist nicht mehr weit davon entfernt, den gleichen Stellenwert zu haben wie das Telefon oder der Fernseher. Um dies zu untermauern, möchte ich Ihnen eine Zahl zum Thema Online-Banking nennen: In Deutschland gab es im September 2003 bereits mehr als 30 Millionen Online-Konten. Rein statistisch betrachtet bedeutet dies, dass jeder dritte Bundesbürger seine Bankgeschäfte über das Internet erledigt.

Der Internetzugang ist erst richtig interessant, wenn der PC ständig mit dem Internet verbunden ist und das bei relativ hohen Übertragungsgeschwindigkeiten. Dies ist durch die DSL-Technologie möglich geworden.

Die ersten DSL-Anschlüsse in Deutschland wurden nur in Verbindung mit einem ISDN-Anschluss angeboten. Mittlerweile kann DSL auch mit einem herkömmlichen Telefonanschluss genutzt werden. Aus diesem Grund wurde dieses Kapitel bei der Neuauflage der vorliegenden Lektüre hinzugenommen. Eine komplette Beschreibung von DSL würde jedoch den Rahmen dieses Buches sprengen. Deshalb beschränke ich mich an dieser Stelle auf die Hardwareinstallationen für die Nutzung von DSL am analogen Telefonanschluss. Für weitere und tiefergehende Informationen zum Thema DSL, insbesondere was die Konfiguration am PC angeht, verweise ich auf mein Buch *ISDN & DSL für PC und Telefon*.

10.1 Die Technik von DSL

Ich möchte die Technik von DSL hier nicht im Detail beschreiben, schließlich ist dies ein Buch für Anwender und nicht für Entwickler. Allerdings sind gewisse Grundlagen über die DSL-Technologie für die Installation der Hardwarekomponenten und bei einer evtl. Fehlersuche sehr hilfreich. Schauen wir uns also einmal an, was DSL ist, wie es im Groben funktioniert und was es zu beachten gibt.

10.1.1 DSL-Varianten

DSL ist keine „neue" Technologie. Erste DSL-Varianten wurden bereits Ende der 1980er bzw. Anfang der 1990er Jahre in den USA entwickelt. Inzwischen gibt es Dutzende von DSL-Varianten, die häufig mit der Abkürzung xDSL zusammengefasst werden. Das x ist dabei Platzhalter für einen Buchstaben, der die jeweilige Variante in der Familie der DSL-Technologien spezifiziert.

Die DSL-Varianten unterscheiden sich vor allem in den Übertragungsgeschwindigkeiten und Reichweiten. Die Reichweite gibt an, wie lang die Leitung maximal sein darf, über die die DSL-Daten übertragen werden.

Die Übertragungsgeschwindigkeiten werden in der Regel für jede Richtung getrennt angegeben. Die Angabe für den Downstream bezeichnet dabei die Übertragungsgeschwindigkeit für den Datenstrom vom Server zum Kunden. Entsprechend wird der Datenstrom vom Kunden zum Server als Upstream bezeichnet. Manchmal werden auch die Begriffe Upload(geschwindigkeit) und Download(geschwindigkeit) verwendet.

Für uns, die Privatanwender, ist es sinnvoll, wenn die Bandbreite für den Downstream größer ist als die Bandbreite für den Upstream. Der Grund ist einfach der, dass wir in der Regel viele Daten von einem Server herunterladen und relativ wenig Daten zu einem Server schicken. Wenn man Internetseiten von einem Server lädt, muss der eigene Rechner dem Server zwar ständig Bestätigungen schicken, dass die Daten fehlerfrei angekommen sind, aber die Datenmenge für diese Bestätigungen ist wesentlich geringer als die Datenmenge für die Seiten selbst. Der häufigste Fall, bei dem man als Privatanwender evtl. größere Datenmengen wegschickt, ist, wenn man E-mails versendet, an die Bilder oder andere größere Dateien angehängt sind. Dann macht sich die geringere Übertragungsgeschwindigkeit (Bitrate) für den Upstream bemerkbar, denn es dauert relativ lange, bis der Sendevorgang für die E-mail beendet ist.

Für Internet-Server ist es natürlich sinnvoll, wenn die Uploadgeschwindigkeit größer ist als die Downloadgeschwindigkeit, weil ein Server ja viele Daten liefert und relativ wenig Daten empfängt. Dies macht deutlich, dass es notwendig ist, für unterschiedliche Anwendungen unterschiedliche DSL-Varianten einzusetzen.

Einige Varianten möchte ich im Folgenden kurz nennen:

- Die erste DSL-Variante, die technisch realisiert wurde, war *HDSL* (High Data Rate DSL). Für die Übertragung wurden zwei Kupferdoppeladern benötigt.
- *SDSL* (Single Line DSL, auch Symmetric DSL) ist eine HDSL-Version, die mit einer Doppelader auskommt.
- Die wohl bekannteste Variante ist *ADSL* (Asymmetric DSL), ursprünglich als Übertragungstechnik für Video on Demand entwickelt. Asymmetrisch deswegen, weil die Übertragungsgeschwindigkeit für den Downstream deutlich höher ist als für den Upstream.
- *RADSL* (Rate Adaptive DSL) ist eine Variante, bei der die Übertragungsgeschwindigkeiten für Up- und Downstream dynamisch verändert bzw. angepasst werden können.
- *VDSL* (Very High Bit Rate DSL) ist die Weiterentwicklung von ADSL für kurze Reichweiten und sehr hohe Übertragungsgeschwindigkeiten. VDSL gibt es in einer symmetrischen und in einer asymmetrischen Variante.

Je nach Bedarf wird sich eine Firma (z.B. ein Internet Service Provider) für eine entsprechende DSL-Variante entscheiden. In *Tabelle 10.1* sind die wichtigsten Kenngrößen der genannten DSL-Varianten gegenübergestellt. Die Angaben sind nur als Anhaltspunkte zu verstehen, weil sie unter anderem auch von der Qualität der Leitung abhängen. Es ist deshalb möglich, dass in anderen Büchern die Angaben etwas von diesen Zahlen abweichen.

Die weiteren Erläuterungen in diesem Buch beziehen sich nur auf ADSL, und zwar in der Form, wie es von der Deutschen Telekom (und anderen Netzbetreibern) für Privatkunden und kleine bis mittlere Unternehmen angeboten wird. Hierbei werden die DSL-Signale zusammen mit den Telefonsignalen über die gleichen Adernpaare übertragen. Die Telekom-Variante von ADSL für „Kleinkunden" wird unter dem Namen T-DSL vermarktet.

Da T-DSL im Grunde nichts anderes ist als ADSL, sind damit theoretisch bis 8 MBit/s Downstream und 1,5 MBit/s Upstream möglich. Die Geräte, sowohl in den Vermittlungsstellen, als auch beim Kunden (Splitter, DSL-Modem usw., wir kommen später noch darauf zu sprechen), sind dafür ausgelegt. Es gibt je-

Tabelle 10.1: DSL-Varianten im Vergleich

DSL-Variante	Anzahl der Adernpaare	maximale Upstreamgeschwindigkeit in MBit/s	maximale Downstreamgeschwindigkeit in MBit/s	maximale Reichweite in km
ADSL	1	1,5	8,0	4,5
SDSL	1	2,3	2,3	2,4
HDSL (USA)	2	1,5	1,5	4,5
HDSL (Europa)	3	2,1	2,1	4,5
RADSL	1	1,1	2,2	18
VDSL (asym.)	1	1,5	13	1,5
VDSL (asym.)	1	2,3	27	1,0
VDSL (asym.)	1	13	55	0,3
VDSL (sym.)	1	2,3	2,3	1,5
VDSL (sym.)	1	13	13	1,0
VDSL (sym.)	1	34	34	0,3

doch zwei wesentliche Gründe, warum T-DSL von der Deutschen Telekom nicht mit solch hohen Übertragungsgeschwindigkeiten angeboten wird:

1. Die Reichweite: Die meisten Kunden wohnen nicht in unmittelbarer Umgebung einer Vermittlungsstelle. Die Grenze für die Reichweite und damit für die maximale Übertragungsgeschwindigkeit wurde so gewählt, dass die meisten Telefonkunden mit DSL bedient werden können. Mehr dazu in Abschnitt 10.2.

2. Die Kapazität des Internets: Was nutzt es, wenn man für die „letzte Meile" (siehe Abschnitt 1.2) eine hohe Übertragungsgeschwindigkeit zur Verfügung hat, diese aber nicht ausgeschöpft wird, weil die Server im Internet ihre Daten gar nicht so schnell zur Verfügung stellen können. Wenn jeder private Internetnutzer mit 8 MBit/s ans Internet angebunden wäre, gäbe es Engpässe in den Breitbandleitungen des Internets selbst.

In *Abb. 10.1* wird eine DSL-Diagnose meines Anschlusses gezeigt. Die DSL-Diagnose wurde von dem Programm ADSLWatch durchgeführt, das im Softwarepaket zur FRITZ!-DSL-Karte enthalten ist. Wie man an den Angaben zur Leitungskapazität erkennen kann, wären bei meinem Anschluss weitaus höhere Übertragungsgeschwindigkeiten möglich als die tatsächlich verwendeten Bitraten. Die relativ hohen Übertragungsgeschwindigkeiten kommen deshalb zu Stande, weil „unsere" Vermittlungsstelle nur ca. 500 m (Luftlinie) von unserem Haus entfernt ist.

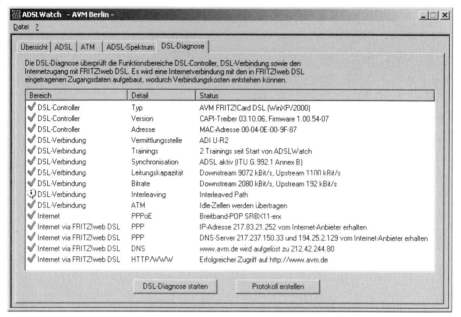

Abb. 10.1: DSL-Diagnose mit dem Programm ADSLWatch

Zurück zum DSL der Deutschen Telekom: T-DSL wird zurzeit (2004) in folgenden Varianten angeboten:

Für Privatkunden und „kleine" Geschäftskunden:

- T-DSL 1000 mit 1024 kBit/s Downstream und 128 kBit/s Upstream
- T-DSL 2000 mit 2048 kBit/s Downstream und 192 kBit/s Upstream
- T-DSL 2000 mit 2048 kBit/s Downstream und 384 kBit/s Upstream
- T-DSL 3000 mit 3072 kBit/s Downstream und 384 kBit/s Upstream
- T-DSL 3000 mit 3072 kBit/s Downstream und 512 kBit/s Upstream

Für „kleine" und „mittlere" Geschäftskunden:

- T-DSL Business 1000 asym. mit 1024 kBit/s Downstream und 128 kBit/s Upstream
- T-DSL Business 1000 asym. mit 1024 kBit/s Downstream und 256 kBit/s Upstream
- T-DSL Business 2000 asym. mit 2048 kBit/s Downstream und 192 kBit/s Upstream
- T-DSL Business 2000 asym. mit 2048 kBit/s Downstream und 384 kBit/s Upstream

- T-DSL Business 3000 asym. mit 3072 kBit/s Downstream und 384 kBit/s Upstream
- T-DSL Business 3000 asym. mit 3072 kBit/s Downstream und 512 kBit/s Upstream
- T-DSL Business 1024 sym. mit 1024 kBit/s Downstream und 1024 kBit/s Upstream
- T-DSL Business 2048 sym. mit 2048 kBit/s Downstream und 2048 kBit/s Upstream

Für Geschäftskunden werden von der Deutschen Telekom weitere DSL-Varianten angeboten, die jedoch nicht mehr unter dem Namen T-DSL vermarktet werden. Für diese Varianten werden Standleitungen (Festanschlüsse) verwendet, über die ausschließlich die DSL-Signale übertragen werden.

10.1.2 DSL-Anschluss- und Übertragungstechnik

Wie bereits erwähnt, werden beim „normalen" DSL-Anschluss die DSL-Signale über die gleichen Adernpaare übertragen wie die Signale von ISDN oder POTS (analoger Telefonanschluss). Schauen wir uns an, wie das funktioniert.

Trennung der Übertragungskanäle
Um die Telefonsignale (POTS oder ISDN) *und* die DSL-Signale über die gleiche Leitung zu übertragen, müssen die Übertragungskanäle von einander getrennt werden.

Bei Standard-ADSL wird der Frequenzbereich bis etwa 30 kHz für normale Telefondienste (POTS) freigehalten[1]. Die Frequenzen zwischen 30 kHz und ca. 130 kHz werden für den Upstream verwendet, die darüber liegenden Frequenzen für den Downstream.

In den meisten Ländern belegt ISDN den Frequenzbereich bis ca. 80 kHz, in Deutschland benötigt ISDN aufgrund der verwendeten Leitungskodierung 4B3T sogar eine Bandbreite von 120 kHz. Die DSL-Signale können bei einem ISDN-Anschluss in Deutschland daher erst oberhalb von 120 kHz übertragen werden. Der Bereich für die DSL-Signale liegt (in Deutschland) zwischen 138 kHz und 1104 kHz. Dieses Frequenzband ist nochmals aufgeteilt in einen Bereich für den ADSL-Downstream und einen Bereich für den ADSL-Upstream (siehe *Abb. 10.2*).

---

1. Für POTS wird eine Bandbreite von ca. 20 kHz benötigt. Ich erinnere an die 16 kHz-Impulse zur Übermittlung der Tarifeinheiten (siehe Abschnitt 5.6).

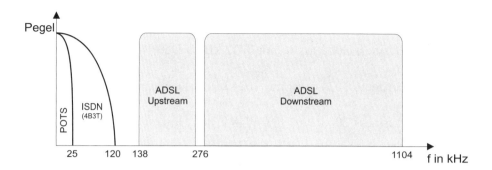

Abb. 10.2: Frequenzbereiche für POTS, ISDN und ADSL

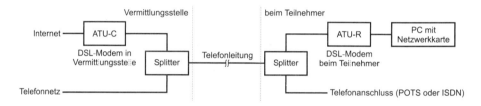

Abb. 10.3: Prinzip der Signaltrennung bei einem DSL-Anschluss

Die Trennung von Telefon- und DSL-Signalen geschieht mit so genannten Splittern (siehe *Abb. 10.3*). Ein Splitter ist vergleichbar mit einer Frequenzweiche in einer Lautsprecherbox. In der Lautsprecherbox werden die Musiksignale so „aufgesplittet", dass am Basslautsprecher nur die tiefen Frequenzen ankommen, am Mitteltöner nur die mittleren und am Hochtöner nur die hohen.

Die Splitter im DSL-System trennen die unteren Frequenzen für die Telefonsignale von den oberen Frequenzen und leiten die Frequenzbereiche auf verschiedene Ausgänge. Der Ausgang für die niedrigen Frequenzen ist beim Teilnehmer der Telefonanschluss; in der Vermittlungsstelle werden die Signale zum Telefonnetz weitergeleitet (siehe *Abb. 10.3*). An den Ausgängen für die hohen Frequenzen werden sowohl beim Teilnehmer als auch in der Vermittlungsstelle *DSL-Modems* angeschlossen. Wie ein herkömmliches Modem (siehe Abschnitt 5.4), so hat das DSL-Modem ebenfalls die Aufgabe, die Signalform der Computerdaten an die Übertragungseigenschaften der Telefonleitung anzupassen.

Das DSL-Modem in der Vermittlungsstelle wird allgemein mit ATU-C (*ADSL Transmission Unit-Central Office*) bezeichnet. Das DSL-Modem beim Kunden heißt im allgemeinen Fachjargon ATU-R (*ADSL Transmission Unit-Remote*).

Wie bereits erwähnt, überbrückt eine DSL-Datenverbindung lediglich die „letzte Meile" zwischen dem Teilnehmer und „seiner" Vermittlungsstelle. Es handelt sich dabei, im Gegensatz zu einer ISDN- oder Modemverbindung, nicht um eine Wählverbindung. Mit anderen Worten: Bei einer DSL-Verbindung braucht man keine Telefonnummer anzugeben. Wozu auch? Die DSL-Verbindung endet bereits in der für den Teilnehmer zuständigen Vermittlungsstelle.

Splitter, DSL-Modem und Schnittstellen am DSL-Anschluss

In der Vermittlungsstelle sind DSL-Modem, Splitter und weitere Komponenten für mehrere Teilnehmer auf einer so genannten Baugruppe zusammengefasst. In einem Schaltschrank sind mehrere dieser Baugruppen eingebaut. Ein solches System wird im Fachjargon als DSLAM (sprich „Disläm") bezeichnet. DSLAM (auch DSL-AM) steht für *Digital Subscriber Line Access Multiplexer*, sinngemäß: DSL-Anschlussmultiplexer (siehe *Abb. 10.4*).

Der Splitter, der beim Teilnehmer installiert werden muss, wird auch BBAE genannt. BBAE steht eigentlich für *Broad Band Access Equipment*. In deutscher Literatur wird jedoch meistens die Bezeichnung *Breitbandanschlusseinheit* verwendet.

In *Abb. 10.5* werden verschiedene Splittermodelle von unterschiedlichen Herstellern gezeigt. Das Modell oben links stammt von der Firma *ECI*, die beiden Modelle oben rechts wurden von der Firma *Siemens* hergestellt. Links unten ist das Anschlussfeld des ECI-Splitters zu sehen. Bei der größeren Ausführung

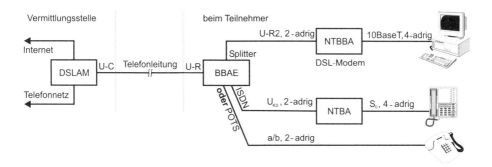

ɔb. 10.4: Bezeichnungen der Komponenten und Schnittstellen

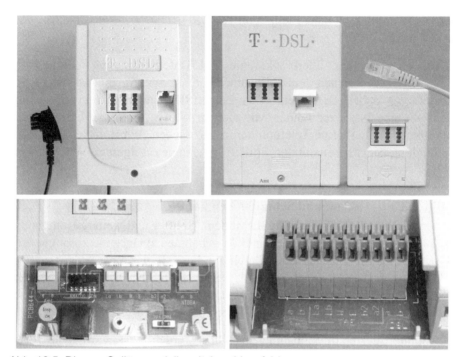

Abb. 10.5: Diverse Splittermodelle mit Anschlussfeldern

des Modells der Firma *Siemens* sieht das Anschlussfeld ähnlich aus. Das Anschlussfeld der kleineren Bauform ist unten rechts dargestellt.

Alle Splittermodelle sind sowohl für einen ISDN-Anschluss, als auch für den herkömmlichen Telefonanschluss, konzipiert. Wegen der unterschiedlichen Frequenzbänder bei POTS und ISDN muss die Anschlussart (analog oder ISDN) am Splitter eingestellt werden. Je nach Hersteller und Baureihe eines Splitters geschieht dies bei manchen Modellen mit Hilfe eines kleinen Schalters (in *Abb. 10.5* unten links zwischen den Klemmleisten) oder die Umschaltung erfolgt automatisch. Für DSL-Anschlüsse der Deutschen Telekom ist ein Umschalten des Splitters nicht unbedingt nötig, weil die DSL-Frequenzbereiche sowohl in Verbindung mit einem ISDN-Anschluss, als auch mit POTS, gleich sind. DSL-Anbieter in einigen anderen Ländern handhaben dies anders. Dort beginnen die DSL-Frequenzen in Verbindung mit einem herkömmlichen Telefonanschluss bereits bei ca. 30 kHz und deshalb muss dort der Splitter umgeschaltet werden.

Auf der Netzseite (U-R-Schnittstelle, siehe *Abb. 10.4*) wird der Splitter bei der Plug&Play-Installationsvariante mit einer TAE-Anschlussleitung mit dem Te-

lefonnetz verbunden. Für die Klemmenmontage steht eine zweipolige An-
schlussklemme mit der Bezeichnung „Amt" zur Verfügung (siehe *Abb. 10.5*
unten).

Der „Telefonanschluss" am Splitter auf der Teilnehmerseite ist als TAE-Buchse realisiert. Je nach Anschlussart (analog oder ISDN) wird an der TAE-Buchse der NTBA (siehe *Abb. 1.3*) oder ein herkömmliches, analoges Telefon angeschlossen. Alternativ können NTBA oder TAE-Dose(n) auch an den Klemmen
La und Lb der Klemmleiste (siehe *Abb. 10.5* unten) angeschlossen werden.
Hierzu werden in Abschnitt 10.3 noch detaillierte Grafiken gezeigt.

Die DSL-Signale (U-R2-Schnittstelle) werden am Splitter für die Plug&Play-
Installation über eine 8-polige Western-Buchse (RJ-45-Buche) herausgeführt.
Für die Klemmenmontage steht eine zweipolige Klemmleiste mit der Bezeichnung *NTBBA* bzw. *DSL* (je nach Splittermodell) zur Verfügung (siehe *Abb.
10.5* unten). An der RJ-45-Buchse wird das DSL-Modem oder ein Gerät, das
ein DSL-Modem integriert hat (z.B. die FRITZ!-DSL-Karte), angeschlossen.

NTBBA ist eine andere Bezeichnung für das DSL-Modem und steht für *Network Termination Broad Band Access*. In deutscher Literatur wird fast ausschließlich die bilinguale Bezeichnung *Network Termination Breitbandanschluss* verwendet. In *Abb. 10.6* wird ein typisches DSL-Modem gezeigt.

Auf der Netzseite (U-R2-Schnittstelle) besitzt das DSL-Modem für die
Plug&Play-Installation eine RJ-45-Buche, bei der nur die mittleren beiden

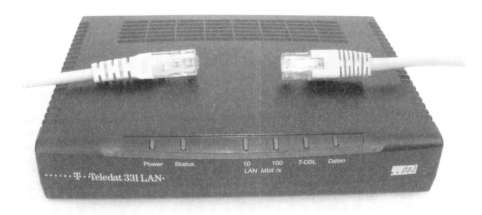

Abb. 10.6: DSL-Modem (NTBBA)

Kontakte belegt sind. Hierüber wird das DSL-Modem mit einer RJ-45-Anschlussleitung (auf beiden Seiten 8-polige Westernstecker) mit dem Splitter verbunden. Die Verbindung zwischen Splitter und DSL-Modem kann auch mittels Klemmenmontage mit einer „normalen" Telefonleitung realisiert werden. Manche DSL-Modems besitzen hierfür, genau wie der Splitter, eine zweipolige Klemmleiste. Falls es diese Klemmleiste an Ihrem DSL-Modem nicht gibt, können Sie eine RJ-45-Dose in der Nähe des DSL-Modems installieren. Ich werde in Abschnitt 10.3.3 noch näher darauf eingehen.

Auf der Teilnehmerseite besitzt das DSL-Modem eine so genannte 10BaseT-Schnittstelle. 10BaseT ist ein Standard für eine Ethernet[1]-Netzwerkverbindung mit einer Übertragungsgeschwindigkeit von 10 MBit/s bei Verwendung von RJ-45-Verbindungen und Leitungen mit verdrillten Adernpaaren (engl.: *based on twisted pair*). Das DSL-Modem, das in *Abb. 10.6* gezeigt wird, kann auf der Ethernet-Seite mit 10 MBit/s (10BaseT) oder mit 100 MBit/s (100BaseT) betrieben werden.

Manche DSL-Modems besitzen noch eine ATM-25-Anschlussbuchse. Diese wird für die in Abschnitt 10.1.1 erwähnten Festverbindungen für Großkunden benötigt. Mit dem ATM-25-Standard ist eine Übertragungsgeschwindigkeit von bis zu 25 MBit/s möglich, daher der Name. Die evtl. vorhandene ATM-25-Anschlussbuchse ist für den „normalen" DSL-Anschluss nicht relevant.

Während der Splitter ohne eigene Energieversorgung auskommt, muss das DSL-Modem mit dem Energieversorgungsnetz verbunden werden.

Wissenswertes über U-R2
Die DSL-Systeme in der Vermittlungsstelle (DSLAM) und beim Teilnehmer (DSL-Modem und Splitter) werden für Deutschland vorwiegend von den Firmen *Siemens* und *ECI* hergestellt. Weiterhin sind in Deutschland DSL-Systeme von der Firma *Fujitsu* im Einsatz. Jede dieser Firmen verwendet für die DSL-Systeme andere Chipsätze (siehe *Tabelle 10.2*).

Tabelle 10.2: DSL-Systeme in einer Übersicht

DSLAM	Chipsatz
ECI	ADI
Siemens	TI
Fujitsu	ORCKIT

---

1. Ethernet stellt eine Technologie zum Aufbau von lokalen Computernetzwerken dar. Ethernet wurde bereits 1973 von Xerox entwickelt und hat sich zum weltweiten Standard für lokale Netzwerke durchgesetzt.

Bis zum 1. Januar 2002 hatte die Deutsche Telekom den DSL-Markt für Privatkunden praktisch alleine geprägt. Die DSL-Modems wurden damals den Kunden kostenlos zur Verfügung gestellt. Da die Telekom genau wusste, welcher Teilnehmer an welcher Vermittlungsstelle angeschlossen war, bekam ein Teilnehmer, der an einem ECI-DSLAM angeschlossen war, auch einen Splitter und ein DSL-Modem von der Fa. ECI zugeschickt. Teilnehmer in der Nähe von Siemens-DSLAMs bekamen Splitter und DSL-Modem von Siemens zugeschickt. Dass die Systeme aufgrund der unterschiedlichen Chipsätze nicht hundertprozentig kompatibel zueinander waren, störte wenig. Dies wurde nur zum Problem, wenn man das DSL-Modem bei einem Umzug mitgenommen hat. Falls am neuen Wohnort ein anderer DSLAM vorhanden war, funktionierte das DSL-Modem eventuell nicht. Bei den Splittern sind die erwähnten Kompatibilitätsprobleme nicht aufgetreten. Mit der Öffnung des DSL-Marktes zum 1. Januar 2002 wurde dieser Zustand natürlich unhaltbar, weil sich der Kunde sein DSL-Modem bei einem beliebigen Hersteller kaufen kann. Es musste ein einheitlicher Standard her: U-R2.

U-R2 basiert auf der internationalen ITU-Norm G.992.1, Annex B, an die sich die Hardwarehersteller von DSL-Modems (und natürlich auch die Hardwarehersteller von DSLAMs) halten müssen. Damit wird eine Kompatibilität der Geräte unterschiedlicher Hersteller garantiert.

Vielleicht wäre jetzt ein guter Zeitpunkt sich nochmals *Abb. 10.1* anzuschauen. Das Diagnoseprogramm ADSLWatch zeigt bei meinem DSL-Anschluss den Namen des Chipsatzes an (hier ADI). Manchmal wird auch der Name des Herstellers des DSLAMs angezeigt (z.B. ECI).

Alle DSL-Modems, die nach der Öffnung des DSL-Marktes hergestellt wurden, sind U-R2-tauglich. Ältere DSL-Modems, also Geräte, die vor 2002 produziert wurden, erfüllen unter Umständen nicht die U-R2-Spezifikation.

Nach Auskunft der Telekom sind zwar alle Vermittlungsstellen in Deutschland U-R2-tauglich, aber es ist noch nicht jeder DSL-Anschluss auf U-R2 umgestellt. Dies gilt vor allem für ältere DSL-Anschlüsse, an denen noch ein *nicht* U-R2-taugliches Modem betrieben wird. Wenn sich ein Teilnehmer eines schon länger bestehenden DSL-Anschlusses nun ein neues DSL-Modem oder einen DSL-Router kauft, kann es deshalb vorkommen, dass das neue Gerät nicht funktioniert. Rufen Sie in diesem Fall die Hotline der Telekom an. Ihr DSL-Anschluss kann sofort auf U-R2 umgestellt werden.

Aus den letzten Absätzen lassen sich folgende Hinweise zum Kauf eines DSL-Modems ableiten:

- DSL-Modems gibt es massenhaft auf dem Gebrauchtmarkt zu kaufen. Falls Sie sich ein gebrauchtes DSL-Modem kaufen wollen, vergewissern Sie sich, dass das Gerät U-R2-tauglich ist.
- Wenn Sie ein DSL-Modem ohne U-R2-Spezifikation kaufen wollen, informieren Sie sich zunächst darüber, welcher DSLAM-Typ in Ihrer Vermittlungsstelle steht. Dies können Sie über die Hotline der Telekom erfragen. Kaufen Sie nur ein DSL-Modem von *der* Firma, die auch den DSLAM hergestellt hat.
- Wenn Sie an einem schon länger bestehenden DSL-Anschluss ein neues DSL-Gerät (DSL-Modem, DSL-Router, DSL-PC-Karte) anschließen und dieses funktioniert nicht, kann das daran liegen, dass der DSL-Anschluss noch nicht auf U-R2 umgestellt ist. Wenden Sie sich in diesem Fall an die Telekom bzw. an Ihren Netzbetreiber.

10.2 Voraussetzungen für die Nutzung von DSL

Um den Internetzugang über DSL nutzen zu können, müssen mehrere Voraussetzungen erfüllt werden:

- Die Distanz zwischen Vermittlungsstelle und Wohnort darf nicht zu groß sein. Mehr dazu später.
- Für den Internetanschluss via DSL müssen zusätzliche Hardwarekomponenten installiert werden. Auf jeden Fall benötigt man einen Splitter. Weiterhin wird ein DSL-Modem und eine Ethernet-Netzwerkkarte für den PC benötigt. Alternativ kann auch ein Adapter verwendet werden, der ein DSL-Modem integriert hat, wie z.B. die FRITZ!-DSL-Karte.
- Will man via DSL mehrere PCs mit dem Internet verbinden, muss man ein lokales Netzwerk, ein *LAN* (*Local Area Network*), aufbauen. Hierzu muss jeder PC mit einer Netzwerkkarte ausgestattet sein. Außerdem wird ein DSL-Router benötigt, der die Administration der Datenkommunikation auf dem Netzwerk und zum Internet übernimmt. Hierauf werde ich in Abschnitt 10.4 kurz eingehen.
- Neben der Hardware, die installiert werden muss, benötigt man einen Internet-Service-Provider (ISP), der einen DSL-Internetzugang anbietet. Der wohl bekannteste ISP in diesem Bereich ist T-Online. Aber auch andere Anbieter wie 1&1, AOL, GMX oder Freenet bieten DSL-Internetzugänge an.
- Die Frage, ob für den DSL-Internetzugang zusätzliche Software benötigt wird, kann nicht global beantwortet werden. Dies hängt davon ab, welche

Betriebssystemversion man verwendet und ob man nur einen Rechner oder mehrere Rechner am DSL-Anschluss betreibt.

Weiter oben wurde das Thema „Reichweite" bei den verschiedenen DSL-Varianten ja bereits angesprochen (siehe *Tabelle 10.1*). Ich möchte an dieser Stelle nochmals etwas näher darauf eingehen.

In *Abb. 10.7* werden Richtwerte für den Zusammenhang zwischen Reichweite und Übertragungsgeschwindigkeit (Bitrate) beim Downstream von ADSL gezeigt. Dabei ist zu beachten, dass sich die Angaben zur Reichweite auf die Kabellänge zwischen Wohnort und Vermittlungsstelle bezieht und nicht auf die Entfernung per Luftlinie. Wenn Sie schon einmal Leitungen in einem Haus verlegt haben, wissen Sie, dass man hierbei schnell einige zig Meter verlegen muss, obwohl vielleicht nur eine direkte Entfernung von fünf Metern zu überbrücken ist.

Man erkennt aus *Abb. 10.7*, dass die Reichweite unter anderem vom Durchmesser der einzelnen Adern abhängt. Bei einem Aderndurchmesser von 0,6 mm und einer Bitrate von 1024 kBit/s (T-DSL 1000), darf die Kabellänge zwischen Wohnort und Vermittlungsstelle 5,5 km nicht überschreiten. Für T-DSL 2000 beträgt die Reichweite nur noch ca. 4,5 km. Um auf der sicheren Seite zu sein, wird die Reichweite für T-DSL von der Deutschen Telekom stets

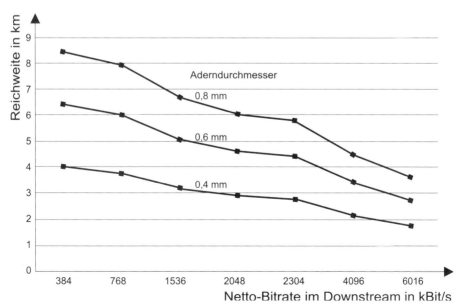

Abb. 10.7: Zusammenhang Bitrate und Reichweite für den Downstream bei ADSL

etwas kürzer angegeben. Offiziell heißt es auf den Internetseiten der Deutschen Telekom: „Beträgt die Entfernung zur Vermittlungsstelle mehr als 4 km, ist eine T-DSL Anbindung nicht mehr möglich."

Falls Sie wissen möchten, ob DSL bei Ihnen technisch überhaupt möglich ist, können Sie eine (natürlich kostenlose) Verfügbarkeitsprüfung durchführen lassen. Wenn Sie bereits Kunde bei der Deutschen Telekom sind, können Sie diese Verfügbarkeitsprüfung direkt online unter `www.telekom.de` selbst initiieren. Sie müssen dazu Ihre Telefonnummer und Ihre Kundennummer (oder Ihre Kontonummer) angeben. Wenn Sie kein Telekom-Kunde sind, können Sie in jedem T-Punkt oder bei der Hotline der Telekom nachfragen. In jedem Fall kann Ihnen sofort Auskunft gegeben werden, ob DSL für Ihren Anschluss möglich ist oder nicht. Ich vermute, dass bei dieser Verfügbarkeitsprüfung die Leitung zwischen Ihrem Anschluss und der Vermittlungsstelle „on the fly", also während der Anfrage, durchgemessen wird.

10.3   Installationen für DSL bei einem PC

In diesem Abschnitt werden die prinzipiellen Installationsvarianten am DSL-Anschluss bei Verwendung *eines* PCs gezeigt.

10.3.1   Übersicht

In *Abb. 10.8* sind (nochmals) die Komponenten und die Schnittstellen am DSL-Anschluss dargestellt. Die DSL-Signale und die Telefonsignale (ISDN *oder* POTS) werden im Splitter voneinander getrennt. An der U-R2-Schnittstelle wird das DSL-Modem angeschlossen und am „Telefonanschluss" des Splitters der NTBA bzw. ein analoges Telefon. Das DSL-Modem kann ein separates Gerät sein, eine Steckkarte für den PC (z.B. die FRITZ!-DSL-Karte) oder es kann in einem anderen Gerät integriert sein (z.B. in einem DSL-Router). Für die Betrachtungen in diesem Abschnitt gehen wir einmal davon aus, dass das DSL-Modem ein eigenständiges Gerät ist. Um das DSL-Modem mit dem PC zu verbinden, muss der Rechner mit einer Ethernet-Netzwerkkarte ausgestattet sein.

In *Abb. 10.9* werden Splitter und DSL-Modem schematisch gezeigt.

Der Splitter ist sowohl für eine Plug&Play-Installation als auch für eine Klemmeninstallation vorgesehen. Für die Grafik in *Abb. 10.9* links wurde ein Splittermodell aus dem Jahre 2003 von der Firma *Siemens* zugrunde gelegt. Ältere

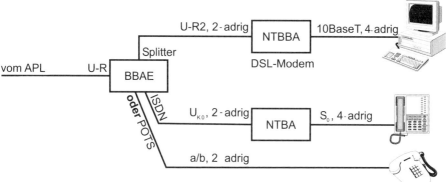

Abb. 10.8: Komponenten und Schnittstellen am DSL-Anschluss

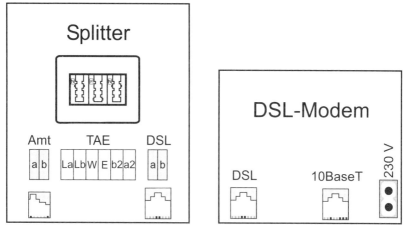

Abb. 10.9: Splitter und DSL-Modem schematisch

Splittermodelle oder Splitter von anderen Firmen sehen ein wenig anders aus (siehe *Abb. 10.5*).

Die meisten DSL-Modems besitzen zwei RJ-45-Anschlussbuchsen. Die Anschlussbuchse auf der Netzseite ist, je nach Hersteller, mit der Aufschrift BBAE, LINE, ADSL oder DSL gekennzeichnet. Bei manchen DSL-Modems werden für die Anschlussbuchse auf der Teilnehmerseite statt 10BaseT die Bezeichnungen 10BT oder LAN (Local Area Network) verwendet. (10BaseT bezeichnet ja letztendlich auch eine Netzwerkschnittstelle). Die evtl. vorhandene ATM-25-Anschlussbuchse ist für den „normalen" DSL-Anschluss nicht relevant und wurde deshalb in *Abb. 10.9* weggelassen.

Heutige DSL-Modems sind in der Regel *nur* für eine Plug&Play-Installation vorgesehen. Bei einer Klemmeninstallation muss deshalb in der Nähe des DSL-Modems eine RJ-45-Anschlussdose installiert werden. Mehr dazu in Abschnitt 10.3.3.

10.3.2 Plug&Play-Installation

Bei der Plug&Play-Installation werden alle Komponenten mit Anschlussleitungen miteinander verbunden (siehe *Abb. 10.10*).

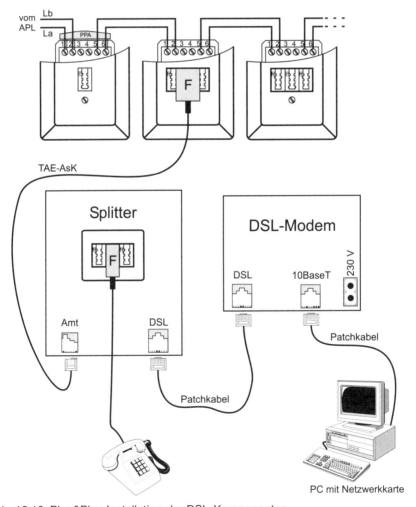

Abb. 10.10: Plug&Play-Installation der DSL-Komponenten

Für den Splitter wird netzseitig eine TAE-Western-Anschlussleitung verwendet. Im Fachjargon der Telekom wird eine solche Anschlussleitung mit *TAE-Ask* (*TAE-Anschluss-Kabel*) abgekürzt. Für die anderen Verbindungen werden Anschlussleitungen verwendet, die auf beiden Seiten einen 8-poligen Western-Stecker besitzen. Eine solche Anschlussleitung wird auch Patchkabel genannt. Bei einem Patchkabel sind in der Regel alle acht Kontakte belegt. Die Beschaltung ist einfach geradeaus, also Kontakt 1 des einen Western-Steckers ist mit Kontakt 1 des anderen Western-Steckers verbunden usw. Alle benötigten Anschlussleitungen sind in der Regel bei den jeweiligen Geräten im Lieferumfang enthalten.

Für die Installation, wie sie in *Abb. 10.10* gezeigt wird, bin ich davon ausgegangen, dass eine TAE-Anlage existiert, die zuvor für den Telefonanschluss verwendet wurde. Beim Umstieg auf DSL müssen alle analogen Geräte aus der TAE-Anlage entfernt werden. Der Splitter ist das einzige Gerät, das direkt am APL angeschlossen sein darf.

Bei einem analogen Telefonanschluss wird an der TAE-Buchse des Splitters ein analoges Telefon bzw. ein anderes analoges Gerät (z.B. eine Telefonanlage oder ein Faxumschalter) angeschlossen.

Einige Splitter (z.B. das Modell, das in *Abb. 10.5* oben rechts gezeigt wird) erkennen die Anschlussart automatisch. Bei anderen Modellen muss die Anschlussart mit einem kleinen Schalter manuell eingestellt werden. Schauen Sie bei der Installation Ihres Splitters auf jeden Fall nach, ob im Anschlussfeld ein Schalter zum Einstellen der Anschlussart (analog oder ISDN) vorhanden ist. Wenn es einen Schalter gibt, und dieser ist nicht richtig eingestellt, kann es sein, dass Ihr DSL-Anschluss nicht ordentlich funktioniert. Dies gilt vor allem für DSL-Anschlüsse, die nicht von der Deutschen Telekom zur Verfügung gestellt werden.

10.3.3 Klemmeninstallation

Installationen vor dem DSL-Modem

Für die Klemmeninstallation am DSL-Anschluss können, außer für die Verbindung zwischen DSL-Modem und PC, normale vieradrige oder achtadrige Telefonleitungen verwendet werden. Wie aus *Abb. 10.11* zu erkennen ist, sind alle Verbindungen vom und zum Splitter zweiadrig. Ich möchte an dieser Stelle nochmals darauf hinweisen, dass für einen Übertragungsweg stets die zusammengehörenden (verdrillten) Adern verwendet werden müssen.

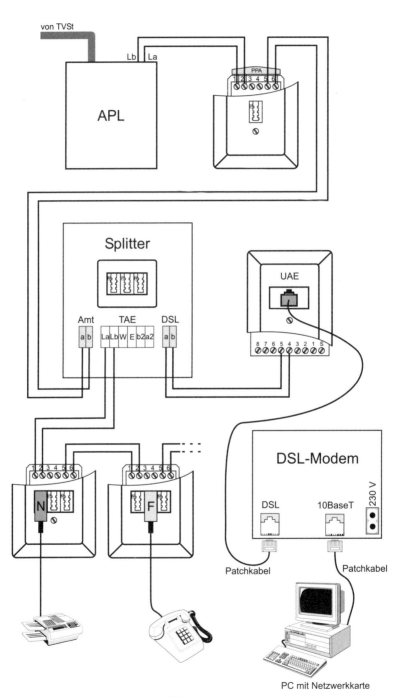

Abb. 10.11: Klemmeninstallation der DSL-Komponenten

In *Abb. 10.11* ist zu erkennen, dass in der ersten TAE-Dose ein PPA installiert ist. Einige Splittermodelle haben bereits einen PPA eingebaut, der mit einem Schalter (bei einigen Siemens-Modellen mit Hilfe eines Jumpers[1]) dazu- oder weggeschaltet werden kann. Bei manchen Splittern der neueren Generation (z.B. bei dem Modell, das in *Abb. 10.5* oben rechts gezeigt wird) wurde auf einen PPA verzichtet.

Splitter, die *nicht* mit einem PPA ausgestattet sind, sollten stets an eine TAE-Dose mit PPA angeschlossen werden. Bei Splittern *mit* PPA sollte dieser dazugeschaltet werden, wenn am Telefonanschluss *kein* PPA vorhanden ist oder falls der Splitter direkt an den APL angeschlossen wird (der APL ist für Eigeninstallationen eigentlich tabu). Die Installation von zwei PPAs an einem Anschluss sollte auf jeden Fall vermieden werden. Für PPAs gilt: Besser keiner als zwei von der Sorte. Falls Sie also nicht sicher sind, ob an Ihrem Anschluss ein PPA vorhanden ist, sollten Sie den Schalter am Splitter so einstellen, dass der PPA des Splitters *nicht* dazugeschaltet wird.

Wenn Splitter und DSL-Modem in verschiedenen Räumen installiert werden, ist ein Patchkabel für diese Verbindung (wie in *Abb. 10.10*) eher ungünstig. Er gibt zwar auch lange Patchkabel[2] zu kaufen, aber wenn man durch Wände bohren muss, benötigt man relativ große Löcher, damit der Western-Stecker hindurchpasst.

Einige DSL-Modems besitzen eine zweipolige Klemmleiste zum Anschluss der Verbindungsleitung vom Splitter. Wenn eine solche Klemmleiste an Ihrem DSL-Modem *nicht* vorhanden ist, können Sie in der Nähe des DSL-Modems eine UAE-Dose (RJ-45-Dose) installieren. Wie aus *Abb. 10.11* zu erkennen ist, werden dafür die Klemmen 4 und 5 der UAE-Dose verwendet.

Die maximale Länge der Leitung zwischen Splitter und DSL-Modem wird von der Telekom mit ca. 20 Metern angegeben. Dabei handelt es sich jedoch um eine recht konservative Angabe. Auf dieser Verbindungsleitung wird, bezogen auf das DSL-Signal, genau die gleiche Signalform übertragen, wie zwischen Vermittlungsstelle und Teilnehmer. Und wie wir aus Abschnitt 10.2 wissen, darf bei T-DSL 1000 die Entfernung zur Vermittlungsstelle bis zu 4 km betragen. Wenn die Distanz zur Vermittlungsstelle bereits relativ groß ist, sollte man schon darauf achten, dass die Leitung zwischen Splitter und DSL-Modem nicht unnötig lang ist. Wenn man jedoch recht nahe an der Vermittlungsstelle

---

1. Jumper sind kleine Steckbrücken, mit denen (meist auf einer Platine) eine elektrische Verbindung hergestellt wird.
2. Patchkabel mit einer Länge von bis zu 20 m gibt es fast überall im Fachhandel zu kaufen. Einige Anbieter vertreiben auch Patchkabel mit 25 oder 30 m Länge.

wohnt, wird dies auch bei längeren Strecken zwischen Splitter und DSL-Modem nicht zu Problemen führen.

Wie überall, so ist natürlich auch hier die maximale Leitungslänge vom Leitungstyp und von der Leitungsqualität abhängig. Es ist für alle Installationswege am DSL-Anschluss daher sinnvoll, einen Leitungstyp zu verwenden, bei dem die Adern mit einer Metallfolie gegen elektromagnetische Störungen von parallel liegenden Leitungen (z.B. Stromleitungen) abgeschirmt sind. Empfehlenswert ist z.B. der Leitungstyp J-Y(St)Y 4x2x0,6 (siehe Abschnitt 3.2).

Falls Sie für das DSL-Modem eine UAE-Dose mit zwei Anschlussbuchsen installieren, darf nur eine der Anschlussbuchsen verwendet werden. Als Laie könnte man auf die Idee kommen, einen zweiten PC mit einem zweiten DSL-Modem an der UAE-Dose anzuschließen. Dies kann nicht funktionieren und wird direkt zu Störungen führen, weil es sich bei der Strecke zwischen DSL-AM und DSL-Modem um eine Punkt-zu-Punkt-Verbindung[1] handelt.

Installationen nach dem DSL-Modem
Bei der Verbindung zwischen DSL-Modem und PC handelt es sich um eine Ethernet-Verbindung. Die Übertragungsgeschwindigkeit auf dieser Leitung kann 10 MBit/s (Standard-Ethernet) oder 100 MBit/s (Fast-Ethernet) betragen. Dies ist vom DSL-Modem (siehe *Abb. 10.6*) und auch von der Netzwerkkarte im PC abhängig. Wie bereits erwähnt, redet man von einer 10BaseT-Schnittstelle, wenn für eine 10 MBit/s-Ethernetverbindung Leitungen mit verdrillten Adernpaaren verwendet werden. Für Fast-Ethernet heißt die Schnittstelle (bei Verwendung von Leitungen mit verdrillten Adernpaaren) entsprechend 100BaseT.

Die maximale Länge von Ethernet-Verbindungen wird mit 100 Metern angegeben. Für kurze Distanzen werden Patchkabel verwendet. Wenn größere Distanzen überbrückt werden müssen, benutzt man UAE-Dosen (RJ-45-Dosen) auf beiden Seiten der Verbindung. Für die Installation der UAE-Dosen werden spezielle Leitungen verwendet. Diese Leitungen müssen mindestens den Empfehlungen der Kategorie 3 (CAT 3) entsprechen. Es ist jedoch auf jeden Fall empfehlenswert, Leitungen der Kategorie 5 (CAT 5) zu verwenden. Dies gilt erst recht bei Fast-Ethernet und für größere Distanzen. Die Kategorie sagt etwas darüber aus, bis zu welcher Signalfrequenz bzw. Übertragungsgeschwindigkeit die Komponenten einer Datenverbindung (Leitungen, Stecker, Anschlussdosen usw.) geeignet sind.

---

1. Bei einer Punkt-zu-Punkt-Verbindung dürfen lediglich zwei Komponenten miteinander verbunden sein.

Bei einer Ethernet-Verbindung sollten alle Komponenten die CAT 5-Empfehlungen erfüllen, also nicht nur die Leitung, sondern auch die UAE-Dosen und die Patchkabel. Patchkabel sind meistens vom Typ CAT 5, für UAE-Dosen trifft dies nicht zu. Für die Installation am ISDN-Anschluss werden in der Regel *keine* UAE-CAT 5-Dosen verwendet. Dort ist dies auch nicht nötig. Im Gegensatz zu den „normalen" UAE-Dosen besitzen UAE-CAT 5-Dosen eine metallische Abschirmung. Und natürlich sind UAE-CAT 5-Dosen auch teurer als die „normalen" UAE-Dosen. UAE-CAT 5-Dosen werden zur Unterscheidung von den „normalen" UAE-Dosen auch Netzwerkdosen genannt.

Ich möchte in dieser Lektüre nicht näher auf die Installation von Ethernet-Verbindungen eingehen. Interessierte Leser verweise ich auf mein Buch *ISDN & DSL für PC und Telefon*, in dem der Aufbau von Ethernet-Verbindungen bis hin zu ganzen Netzwerken ausführlich beschrieben wird.

10.3.4 Anschlussleitungen

In diesem Abschnitt möchte ich auf die Belegungen der einzelnen Anschlussleitungen (siehe *Abb. 10.10*) etwas näher eingehen. Mit den folgenden Erläuterungen sollte der Leser in der Lage sein, Anschlussleitungen selbst herzustellen oder eine vorhandene Anschlussleitung durchzumessen, wenn man vermutet, dass diese defekt ist. Voraussetzung hierfür ist allerdings, dass man das geeignete Werkzeug besitzt.

TAE-Anschlussleitung für den Splitter (TAE-AsK)
In *Abb. 10.12* wird die Belegung der Anschlussleitungen für den Splitter mit den Signalbezeichnungen (am Western-Stecker) für die U-R-Schnittstelle gezeigt. Eventuell sind bei einigen Anschlussleitungen die Adern am Western-Stecker vertauscht, eine a/b-Vertauschung ist hierbei nämlich unerheblich.

Bei dem Western-Stecker (siehe *Abb. 10.12*) handelt es sich um eine spezielle Ausführung, bei der die Befestigungsspange an der Seite angebracht ist. Damit

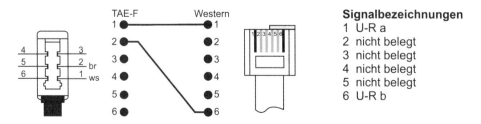

Abb. 10.12: Belegung einer TAE-Anschlussleitung für den Splitter

kann diese Anschlussleitung nur für den Splitter verwendet werden und nicht für ein analoges Endgerät.

Verbindungsleitung zwischen Splitter und DSL-Modem
Wie aus *Abb. 10.11* zu erkennen ist, werden für die Verbindung zwischen Splitter und DSL-Modem nur zwei Adern benötigt. Hierfür werden die beiden mittleren Kontakte der Western-Stecker verwendet (siehe *Abb. 10.13*).

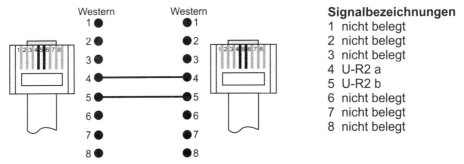

Signalbezeichnungen
1 nicht belegt
2 nicht belegt
3 nicht belegt
4 U-R2 a
5 U-R2 b
6 nicht belegt
7 nicht belegt
8 nicht belegt

Abb. 10.13: Belegung der Verbindungsleitung zwischen Splitter und DSL-Modem

Ethernet-Anschlussleitung
Für 10BaseT und für 100BaseT wird die gleiche Anschlussbelegung benutzt (siehe *Abb. 10.14*). Der Unterschied liegt nur darin, dass für 10BaseT lediglich Leitungen der Kategorie 3 benötigt werden; für 100BaseT sollten es CAT 5-Leitungen sein.

Die Signalbezeichnungen TX und RX (siehe *Abb. 10.14*) stehen für Transmit Data und Receive Data. Der Buchstabe „X" wird auch in anderem Zusammenhang (z.B. bei der seriellen Schnittstelle des PCs) als Variable für beliebige Daten verwendet. Für die Sende- und die Empfangsrichtung werden hier also unterschiedliche Adernpaare benutzt.

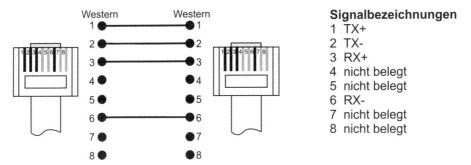

Signalbezeichnungen
1 TX+
2 TX-
3 RX+
4 nicht belegt
5 nicht belegt
6 RX-
7 nicht belegt
8 nicht belegt

Abb. 10.14: Belegung einer Ethernet-Anschlussleitung für 10BaseT und 100BaseT

10.4 Installationen für DSL bei mehreren PCs

Viele lokale Computernetzwerke (LANs) sind über eine DSL-Verbindung an das Internet angebunden. Und damit sind wir auch schon beim Thema: Es geht darum, ein kleines, privates LAN aufzubauen und eine Datenverbindung zwischen diesem LAN und dem so genannten POP[1] eines Internet Service Providers herzustellen. Damit können die Internetdienste an allen PCs, die an dem LAN per Kabel oder per Funk angeschlossen sind, genutzt werden.

Ich möchte zunächst auf ein paar grundlegende Dinge zum Thema *Computernetzwerke und deren Anbindung an das Internet* eingehen, bevor wir zum eigentlichen Thema kommen.

Der ursprüngliche Zweck von einem lokalen Computernetzwerk (LAN) war der, dass man mit allen Rechnern einer Firma auf gemeinsame Datenbanken zugreifen wollte. Weiterhin sollte es möglich sein, dass von allen PC-Arbeitsplätzen aus ein gemeinsamer Drucker oder Plotter genutzt werden konnte. Es war also nur ein Datenaustausch innerhalb des lokalen Netzwerks möglich. An einen weltweiten Zusammenschluss der LANs hat zunächst keiner gedacht.

Bis etwa zur Mitte der 1990er Jahre wurden für die lokalen Netzwerke unterschiedliche Protokolle verwendet. Als man damit begonnen hat, die Netzwerke an das Internet anzubinden, hat man die LANs auch für die interne Kommunikation auf die Internetprotokollgruppe TCP/IP umgestellt.

Heute wird praktisch für jedes lokale Netzwerk TCP/IP als Übertragungsprotokoll verwendet. Und wenn man nun ein solches Netzwerk mit dem Internet verbindet, sind nicht nur die lokalen Dienste, wie die gemeinsame Benutzung eines Druckers möglich, sondern es können auch die Internetdienste mit allen am Netzwerk angeschlossenen PCs genutzt werden.

Voraussetzung für den Aufbau eines Computernetzwerks ist zunächst, dass alle Rechner mit einer Netzwerkkarte ausgestattet sind. Bei einem Ethernet-Netzwerk wird eine sternförmige Topologie verwendet, um die einzelnen Rechner miteinander zu koppeln. Als Verteiler wird entweder ein *Hub* oder ein *Switch* verwendet. Während ein Hub stets *alle* Datenpakete an *alle* angeschlossenen Rechner sendet, gibt ein Switch ein Datenpaket nur an den Rechner weiter, der dieses Datenpaket auch angefordert hat. In Bezug auf die Hardwareinstallation gibt es zwischen Hub und Switch keine Unterschiede. Beide Gerätetypen besitzen mehrere Ports (RJ-45-Anschlussbuchsen) zum Einstecken von Patchkabeln.

---

1. POP steht für *Point of Presence* und bezeichnet den Einwahlknoten eines Internet Service Providers. Die POPs für DSL-Internetzugänge befinden sich in den Vermittlungsstellen.

Bei großen Betrieben und Instituten sind die Firmennetzwerke meist über Standleitungen an das Internet angebunden. Im Privatbereich und für kleine Firmen ist ein Internetzugang über eine „normale" DSL-Verbindung in der Regel ausreichend. Bedenken Sie, dass T-DSL-Anschüsse heute (2004) mit bis zu 3 MBit/s Downstream angeboten werden. Das sollte (zurzeit) auch für eine kleine Firma genug sein.

Zunächst scheint es am naheliegendsten zu sein, an einen Hub einfach ein DSL-Modem anzuschließen, denn am DSL-Modem ist auf der Teilnehmerseite ja ein Ethernet-Anschluss vorhanden. Sie haben sicherlich bereits an meiner Formulierung im letzten Satz erkannt, dass diese Sache einen Haken hat. Die Aufgabe eines Hubs besteht ja nur darin, Datenpakete zu verteilen; er ist nicht für die Zugangsprozedur ins Internet zuständig. Mit Zugangsprozedur ist hier gemeint, dass Benutzername und Passwort übergeben werden, der Rechner vom Internet Service Provider eine IP-Adresse zugewiesen bekommt usw. Das DSL-Modem ist nur ein Gerät zur Signalumwandlung, damit ist also auch keine Zugangsprozedur möglich.

Es ist prinzipiell möglich, *einen* PC im Netzwerk als „Datenverteiler" zu konfigurieren und mit *diesem* PC stets die Internetverbindung herzustellen. Die anderen PCs im Netzwerk könnten dann über diesen „Datenverteiler" die Internetdienste nutzen. Diese Methode ist jedoch nicht empfehlenswert, weil sowohl die Internetdaten, als auch die LAN-Daten, über den Hub verteilt werden. Ich möchte deshalb hierauf nicht näher eingehen.

Um mit allen am LAN angeschlossenen PCs *gleichzeitig* die Internetdienste nutzen zu können, wird ein Router benötigt. Unter einem Router versteht man allgemein ein Verknüpfungsgerät, das zwei Computernetzwerke miteinander verbindet. Neben der Möglichkeit, dass ein PC das so genannte Routing übernimmt, gibt es Router auch als eigenständige Geräte.

Router, die am DSL-Anschluss verwendet werden, heißen DSL-Router. Sie verbinden das lokale Netzwerk über eine DSL-Verbindung mit dem Internet (siehe *Abb. 10.15*). DSL-Router stellen dabei selbstständig die Verbindung zum Internet her, wenn ein am LAN angeschlossener PC Daten aus dem Internet anfordert. Mit anderen Worten: Die Zugangsprozedur wird vom DSL-Router übernommen.

Die in *Abb. 10.15* gezeigte Installationsvariante ist zwar sinnvoll, um die Funktionen der einzelnen Geräte zu beschreiben, aber sie ist nicht gerade „up to date". Schon die billigsten DSL-Router haben in der Regel bereits einen Hub oder einen Switch eingebaut. Und seit der Öffnung des Marktes für DSL-Modems zu Beginn des Jahres 2002 ist meistens auch ein DSL-Modem im

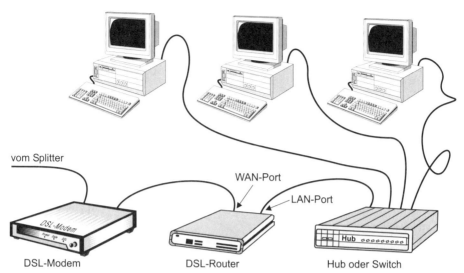

Abb. 10.15: DSL-Modem, DSL-Router und Hub am DSL-Anschluss

DSL-Router integriert. Ein solcher DSL-Router (mit integriertem DSL-Modem) wird über die U-R2-Schnittstelle direkt mit dem Splitter verbunden. Der Anschluss eines solchen DSL-Routers auf der Netzseite wird deshalb auch DSL-Port genannt (siehe *Abb. 10.16*).

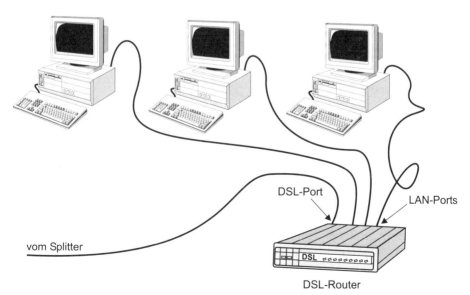

Abb. 10.16: DSL-Router mit integriertem DSL-Modem

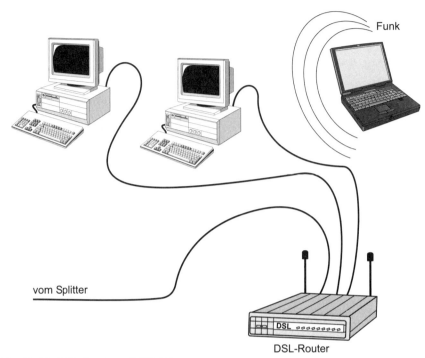

Abb. 10.17: DSL-Router mit WLAN

Mit der Installationsvariante, die in *Abb. 10.16* dargestellt ist, wird heute die Internetanbindung eines LANs via DSL realisiert.

In *Abb. 10.17* wird eine Hardwareinstallationsvariante für den einen DSL-Router mit integrierter WLAN-Basisstation gezeigt. WLAN (Wireless LAN) bezeichnet eine Netzwerkverbindung per Funk.

Mit den zuvor gezeigten Hardwareinstallationen kann der Internetzugang via DSL leider *noch* nicht genutzt werden. Hierzu müssen noch die angeschlossenen Geräte (PCs und evtl. DSL-Router) konfiguriert werden. Wie bereits mehrfach erwähnt, würden die dazu notwendigen Beschreibungen den Rahmen dieser kleinen Lektüre sprengen. Vielleicht konnte ich bei einigen Lesern dennoch das Interesse an einem DSL-Anschluss wecken. Denn wenn man sich die Hardwareinstallation zutraut, dann wird auch die Softwareinstallation vermutlich keine größeren Probleme bereiten. Für weiterführende Informationen zu den DSL-Konfigurationen am PC und an anderen Endgeräten sowie für die Anbindung von kleinen Computernetzwerken (auch per Funk) via DSL an das Internet, verweise ich nochmals auf mein Buch *ISDN & DSL für PC und Telefon* und auf meine Internetseiten.

10.5 Kosten und Tarifmodelle für den DSL-Anschluss

Der große Vorteil des Internetzugangs via DSL liegt neben der hohen Übertragungsgeschwindigkeit auch darin, dass man bei einem entsprechenden Tarifmodell beliebig lange online sein kann. Zum Abschluss möchte ich deshalb noch kurz auf die Kosten und die unterschiedlichen Tarifmodelle für einen DSL-Anschluss eingehen.

Für den DSL-Anschluss zahlen Sie, genau wie für einen Telefonanschluss, zunächst einen einmaligen Preis für die Einrichtung des Anschlusses. In diesem Preis ist der Splitter enthalten. Falls Sie den DSL-Anschluss im T-Punkt beantragen, können Sie den Splitter in der Regel gleich mitnehmen. Im anderen Fall wird er Ihnen zugeschickt.

Für die Bereitstellung von DSL müssen Sie dann weiterhin einen monatlichen Grundpreis an Ihren Netzbetreiber (z.B. an die Telekom) zahlen.

Darüber hinaus kommen noch Kosten für den Internet Service Provider (T-Online, AOL, Freenet, 1&1, GMX usw.) auf Sie zu. Ich möchte hier keine Zahlen nennen, sondern lediglich ein paar grundlegende Informationen zu den Tarifmodellen für den DSL-Internetzugang angeben:

- Sie zahlen einen relativ hohen monatlichen Grundpreis und können für unbegrenzte Zeit online sein und dabei beliebig viele Daten aus dem Internet laden. Dieses Tarifmodell wird *Flatrate* (sinngemäß: Pauschalgebühr) genannt.

- Bei einem *Volumentarif* zahlen Sie einen geringen monatlichen Grundpreis, können damit zwar für unbegrenzte Zeit online sein, aber Sie dürfen nur eine bestimmte Menge an Daten in einem Monat aus dem Internet laden. Wir reden hier von einer Datenmenge von beispielsweise zwei oder fünf Gigabyte, je nach Tarifmodell. Wird die angegebene Datenmenge einmal überschritten, entstehen zusätzliche Kosten.

- Sie zahlen einen geringen monatlichen Grundpreis und können damit eine bestimmte Zeitdauer (z.B. zehn Stunden) im Monat online sein. In der festgelegten Zeitdauer können Sie beliebig viele Daten aus dem Internet laden. Wird die angegebene Zeitdauer einmal überschritten, entstehen zusätzliche Kosten. Dieses Tarifmodell heißt *Zeittarif*.

- Bei dem Tarifmodell *Internet by call* zahlen Sie einen geringen oder gar keinen monatlichen Grundpreis, aber dafür werden Ihnen Verbindungskosten berechnet. Sie zahlen also, wie beim Internetzugang mit einem herkömmlichen Modem, für jede Online-Minute einen gewissen Betrag.

Die meisten Tarifmodelle sehen vor, dass Sie auch mit mehreren PCs in einem lokalen Netzwerk die Internetdienste nutzen dürfen. Wenn Sie Ihren DSL-Internetzugang von mehreren unterschiedlichen Orten aus gleichzeitig nutzen wollen, achten Sie bei den allgemeinen Geschäftsbedingungen Ihres Internet Service Providers darauf, dass dies technisch und rechtlich möglich ist. Dieser Fall tritt z.B. ein, wenn Sie eine kleine Firma haben und den DSL-Zugang in der Firma *und* zu Hause nutzen wollen. Ein konkretes Beispiel: Sie sind im Büro online und Ihr Kind surft zu Hause zur gleichen Zeit über die gleichen Zugangsdaten im Internet.

Anhang A Abkürzungen

Im Folgenden sind alle Abkürzungen aufgeführt, die in diesem Buch verwendet wurden. Die internationalen Abkürzungen für die Leistungsmerkmale von ISDN sind weiter unten getrennt aufgeführt.

Abkürzungen aus der Telefon- und Computerwelt

1000BaseT	1000 MBit/s based on twisted pair (Gigabit-Ethernet-Schnittstelle)
100BaseT	100 MBit/s based on twisted pair (Fast-Ethernet-Schnittstelle)
10BaseT	10 MBit/s based on twisted pair (Standard-Ethernet-Schnittstelle)
1TR6	1. Technische Richtlinie Nr. 6 (Protokoll beim nationalen ISDN)
4B3T	Leitungskodierung bei ISDN (4 Bit in 3 ternären Zuständen)
ADSL	Asymmetric DSL
AEG	Ausschalten, Einschalten, Geht wieder (Standardtipp bei Computerproblemen)
AMS	Automatischer Mehrfachschalter
APL	Abschlusspunkt des allgemeinen Leitungsnetzes (Übergabepunkt zum Kunden)
AT	Attention (bei AT-Befehlen für Modems)
ATM	Asynchronous Transfer Mode (Übertragungsstandard für Daten)
ATU-C	ADSL Transmission Unit-Central Office (DSL-Modem in der TVSt)
ATU-R	ADSL Transmission Unit-Remote (DSL-Modem beim Teilnehmer)
AWADo	Automatische Wechselschalter-Anschlussdose
AWS	Anrufweiterschaltung
BaAs	Basisanschluss (ISDN-Anschluss mit 2 B-Kanälen)

BBAE	Broad Band Access Equipment oder Breitbandanschlusseinheit (Splitter)
bis	franz. wörtlich der/die/das Zweite (bei ITU-Empfehlungen)
Bit	Binary Digit
Bit/s	Bits pro Sekunde (Einheit für die Übertragungsgeschwindigkeit)
BPS	Bits per second (Einheit für die Übertragungsgeschwindigkeit)
BTX	Bildschirmtext
BZT	Bundesamt für Zulassungen in der Telekommunikation
CAT	Kategorie (z.B. bei Datenleitungen)
CCITT	Comité Consultativ International Télégraphique et Téléphonique (heute ITU)
COM	Communication (Bezeichnung für serielle Schnittstelle am PC)
CPS	Character Per Second (Einheit für die Übertragungsgeschwindigkeit)
DA	Doppelader (bei Telefon- oder Datenleitungen)
DCE	Data Carrier Equipment (gemeint ist das Modem)
DECT	Digital European Cordless Telecommunication (Standard für Funktelefone)
DEE	Datenendeinrichtung (gemeint ist der Rechner)
DFÜ	Datenfernübertragung
DIN	Deutsches Institut für Normungen
DIVF	Digitale Vermittlungsstelle für den Fernverkehr
DIVO	Digitale Vermittlungsstelle für den Ortsverkehr
DMT	Discrete Multi Tone (Übertragungsverfahren mit mehreren Trägern)
DPI	Dots Per Inch (Einheit für die Auflösung von Druckern und Faxgeräten)
DSL	Digital Subscriber Line (Technologie für Highspeed-Internetzugang)

DSLAM	DSL Access Multiplexer oder DSL-Anschlussmultiplexer
DTAG	Deutsche Telekom AG
DTE	Data Terminal Equipment (gemeint ist der Rechner)
DTMF	Dual Tone Multi Frequency, andere Bezeichnung für MFV
DÜE	Datenübertragungseinrichtung (gemeint ist das Modem)
E	Erde (Signal- bzw. Klemmenbezeichnung bei TAE-Dosen und Telefonen)
EDV	Elektronische Datenverarbeitung
EIA	Electronic Industry Association (amerikanisches Institut für Normen)
E-Mail	Electronic Mail (elektronische Post)
EUR	EURO
EV	Endverzweiger (ältere Bezeichnung für den APL)
EVÜ	Einzelverbindungsübersicht
EVZ	Endverzweiger (ältere Bezeichnung für den APL)
F	Fernsprechen (Kodierung bei TAE-Dosen)
FAQs	Frequently Asked Questions (häufig gestellte Fragen)
Fax	Facsimile (getreue Abbildung)
FC	Fast Class (V.Empfehlung der ITU)
FKS	Fernmelde-Kleinsteckverbindung (andere Bezeichnung für Western-Stecker)
FTZ	Fernmeldetechnisches Zentralamt
GAP	Generic Access Profile (Protokoll bei Funktelefonen)
HDSL	High Data Rate DSL
Hz	Hertz (Einheit für Schwingungen pro Sekunde, auch für die Bandbreite)
IAE	ISDN-Anschlusseinheit (Anschlussdose für ISDN-Endgeräte)
IBM	International Business Machines (Firmenname)

IP	Internet Protocol
ISDN	Integrated Services Digital Network (digitales Telefonnetz)
ISO	International Standard Organization (Institut für Normen)
ISP	Internet Service Provider
ITU	International Telecommunication Union (Institut für Normen)
ITU-T	International Telecommunication Union-Telecom Standardization
IWV	Impulswahlverfahren (Verfahren zum Aufbau einer Telefonverbindung)
La	Bezeichnung für die erste Ader des zweiadrigen Telefonanschlusses
LAN	Local Area Network (lokales Computernetzwerk)
Lb	Bezeichnung für die zweite Ader des zweiadrigen Telefonanschlusses
LPT	Line Printer (Parallele Schnittstelle am PC)
LT	Line Termination (Leitungsabschluss)
MFV	Mehrfrequenzwahlverfahren (Verfahren zum Aufbau einer Telefonverbindung)
MMS	Multimedia Message Service
MNP	Microcom Network Protocol (Protokoll für Modemverbindungen)
Modem	Modulator/Demodulator (Gerät zur Datenfernübertragung)
MoH	Music on Hold (Wartemusik beim Weiterverbinden)
N	Nicht Fernsprechen (Kodierung bei TAE-Dosen)
NIC	Network Interface Card (Netzwerkkarte)
NT	Network Termination (Übergabepunkt allgemein)
NTA	Network Termination Analog (erste TAE-Dose mit PPA)
NTBA	Network Termination for ISDN Basic Access (NT bei einem BaAs)
NTBBA	Network Termination Broad Band Access, auch NT für Breitbandanschluss

NTPM	Network Termination for ISDN Primary Rate Access (NT bei einem PMxAs)
PC	Personal Computer (Computer für eine Person)
PID	Privater Informationsdienst (Infoservice mit den Vorwahlen 0190 bzw. 0900)
PIN	Personal Identification Number (Geheimzahl, z.B. zum Sperren von Telefonen)
PMxAs	Primärmultiplexanschluss (ISDN-Anschluss mit 30 B-Kanälen)
POP	Point of Presence (Zugangsknoten für Internetzugang)
POTS	Plain Old Telephone Service (herkömmliche, analoge Telefontechnik)
PPA	Passiver Prüfabschluss (kleines Teil in der ersten TAE-Dose)
R	Rückfrage (z.B.: R-Taste am Telefon)
RADSL	Rate Adaptive DSL
SDSL	Single Line DSL, auch Symmetric DSL
SMS	Short Message Service
SYNC	Synchronized (Statusanzeige bei manchen DSL-Modems)
TA	Terminaladapter
TAE	Telefonanschlusseinheit (Anschlusstechnik für analoge Endgeräte)
TAE-Ask	TAE-Anschlusskabel
TCP	Transmission Control Protocol (Transferprotokoll im Internet)
ter	franz. wörtlich der/die/das Dritte (bei ITU-Empfehlungen)
TFE	Türfreisprecheinrichtung (Türsprechstelle von Telefonanlagen)
Tk	Telekommunikation (Bsp.: Tk-Anlage)
TP	Twisted Pair (verdrillte Adernpaare bei Leitungen)
TVSt	(digitale) Teilnehmervermittlungsstelle
U	Universal (Kodierung bei TAE-Dosen)
UAE	Universal Anschlusseinheit (universelle Anschlussdose)

URL	Uniform Resource Locator (Adresse einer WWW-Seite)
USB	Universal Serial Bus
VDSL	Very High Bit Rate DSL
VKL	Verkehrseinschränkungsklassen (Sperrklassen bei einer Anschlusssperre)
W	Wecker (Signal- bzw. Klemmenbezeichnung bei TAE-Dosen und Telefonen)
WAN	Wide Area Network (Weitbereichsnetz)
WLAN	Wireless LAN (Funknetzwerk)
WWW	World Wide Web (Internet-Dienst)
xDSL	Sammelbegriff für die unterschiedlichen DSL-Varianten
ZZF	Zentralamt für Zulassungen im Fernmeldewesen

Abkürzungen für die ISDN-Leistungsmerkmale

Im Folgenden werden die internationalen Abkürzungen für die ISDN-Leistungsmerkmale genannt. Einige Leistungsmerkmale (z.B. AOCE, CUG, TP usw.) können am analogen Telefonanschluss nicht genutzt werden.

3PTY	Three ParTY Service Dreierkonferenz
ACR	Anonymous Call Rejection Abweisen unbekannter Anrufer
AOC	Advice Of Charge Übermittlung der Tarifinformationen allgemein
AOCD	Advice Of Charge During the call Übermittlung der Tarifinformationen während einer Verbindung
AOCE	Advice Of Charge at the End of the call Übermittlung der Tarifinformationen nach einer Verbindung
CCBS	Completion of Calls to Busy Subscriber Rückruf bei Besetzt

CCNR   Completion of Calls No Reply
       Rückruf bei Nichtmelden

CD   Calling Deflection
       Anrufweiterschaltung während der Rufphase

CDPR   Calling Deflection Partial Rerouting
       Anrufweiterschaltung durch den Angerufenen nach Rufzustellung

CF   Call Forwarding
       Anrufweiterschaltung (auch Rufumleitung)

CFB   Call Forwarding on Busy
       Anrufweiterschaltung bei Besetzt

CFNR   Call Forwarding No Reply
       Anrufweiterschaltung bei nicht melden (nach 20 Sekunden)

CFU   Call Forwarding Unconditional
       Anrufweiterschaltung direkt

CLIP   Calling Line Identification Presentation
       Übermittlung der Rufnummer vom Anrufer zum Angerufenen

CLIR   Calling Line Identification Restriction
       Unterdrückung der Übermittlung der Rufnummer vom Anrufer zum
       Angerufenen

COLP   Connected Line Identification Presentation
       Übermittlung der Rufnummer vom Angerufenen zum Anrufer

COLR   Connected Line Identification Restriction
       Unterdrückung der Übermittlung der Rufnummer vom Angerufenen
       zum Anrufer

CONF   CONFerence
       Große Konferenz mit bis zu 10 Teilnehmern

CT   Call Transfer
       Anrufweiterschaltung intern (bei Tk-Anlagen)

CUG   Closed User Group
       Geschlossene Benutzergruppe

CW   Call Waiting
       Anklopfen

DDI Direct Dialling In
     Durchwahl zu Nebenstellen in Tk-Anlagen

ECT Expicit Call Transfer
     Vermitteln (auch Umlegen oder Gesprächsübergabe)

HOLD call HOLD
      Halten der Verbindung

MCID Malicious Call IDentification
      Feststellen böswilliger Anrufer

MSN Multiple Subscriber Number
     Mehrfachrufnummer

OCBF Outgoing Call Barring Fixed
      Feste Anschlusssperre

OCBUC Outgoing Call Barring User Controlled
       Veränderbare Anschlusssperre

PR Partial Rerouting
    Nebenstellenindividuelle Anrufweiterschaltung

SCA Selective Call Acceptance
     Annahme erwünschter Anrufer

SCF Selective Call Forward
     Selektive Anrufweiterschaltung

SCR Selective Call Rejection
     Abweisen unerwünschter Anrufer

SUB SUBaddressing
     Subadressierung

TP Terminal Portability
    Umstecken am Bus

UUS1 User-to-User Signalling 1
      Teilnehmer zu Teilnehmer Zeichengabe beim Verbindungsauf- und
      abbau

UUS3 User-to-User Signalling 3
      Teilnehmer zu Teilnehmer Zeichengabe während der Verbindung

Anhang B Glossar

Automatischer Mehrfachschalter (AMS)
Gerät zum Betreiben von mehreren Telefonen an einem herkömmlichen Telefonanschluss

Amt
Andere Bezeichnung für Vermittlungsstelle (siehe dort), der Ausdruck hat historischen Charakter

Amtsberechtigungsarten
Parameter für die einzelnen Nebenstellen einer Tk-Anlage für abgehende Gespräche. Je nach eingestellter Amtsberechtigungsart kann der Teilnehmer nur interne Gespräche, nur Ortsgespräche, nur Inlandsgespräche oder alle möglichen Gespräche führen.

Amtsgespräch
Siehe Externgespräch

Amtsholung
Bezeichnung für das Aufschalten eines Nebenstellenanschlusses einer Tk-Anlage auf die Vermittlungsstelle (Amt) zum Führen von Externgesprächen. Die Amtsholung geschieht in den meisten Fällen durch das Wählen der Ziffer Null. Ist eine Nebenstelle für spontane (direkte) Amtsholung konfiguriert, wird der Teilnehmer beim Abheben des Hörers direkt auf das Amt geschaltet.

Analog-Adapter
Gerät zum Betreiben von analogen Endgeräten an einer S_0-Schnittstelle des ISDN-Anschlusses

Anklopfen
Leistungsmerkmal von ISDN. Wenn während eines Gesprächs ein weiterer Teilnehmer anruft, wird dies durch ein akustisches Signal im Hörer (oder ein optisches Signal bei ISDN-Telefonen) angezeigt. Man hat dann die Möglichkeit den Anklopfenden anzunehmen oder abzuweisen.

Anrufweiterschaltung (AWS)
Leistungsmerkmal von ISDN. Bei der Anrufweiterschaltung (Rufumleitung) wird ein ankommendes Gespräch wahlweise sofort, nach 20 Sekunden oder bei besetzt auf einen anderen Telefonanschluss (irgendwo auf der Welt) umgeleitet.

Anschlusssperre
Siehe Sperre

APL
Abschlusspunkt des allgemeinen Leitungsnetzes. Der APL wird vom Netzbetreiber (meist im Keller) montiert. Es ist der Übergabepunkt des Telefonnetzes zur eigenen Anlage. Früher hieß der APL Endverzweiger (EV oder EVZ) und war in Glockenform ausgeführt. Heute ist es ein rechteckiger, grauer Kasten.

AT-Befehle
Befehlssatz zur Steuerung von Modems, entwickelt von der Firma Hayes. Die Befehle beginnen alle mit AT für Attention, daher der Name.

AWADo
Automatische Wechselschalter Anschlussdose, ein Gerät zum Betreiben von mehreren Telefonen an einem herkömmlichen Telefonanschluss. Die AWADo wird nicht mehr vermarktet. Neuere Umschalter mit gleicher Funktion heißen Automatische Mehrfachschalter (AMS).

B-Kanal
Abkürzung für Basiskanal. Ein Übertragungskanal bei ISDN für die Nutzdaten, über den die Informationen mit 64 kBit/s übertragen werden.

Bandbreite
Ein bestimmter Frequenzbereich, die Differenz zwischen oberer und unterer Grenzfrequenz. Die Bandbreite sagt etwas über den benötigten oder den zur Verfügung stehenden Frequenzbereich eines Systems aus. Sie wird in Hz bzw. kHz oder MHz angegeben. Beispiele: Telefonie 3,1 kHz, UKW-Radio 15 kHz, Fernsehen 5,5 MHz.

Basisanschluss
ISDN-Anschluss mit zwei B-Kanälen. Der Basisanschluss wurde für private Teilnehmer und kleine bis mittlere Firmen konzipiert.

Baudrate
Andere Bezeichnung für die Schrittgeschwindigkeit. Die Baudrate gibt an, wie oft sich der Zustand eines Signals in einer Sekunde ändert. Sie wird in der Größeneinheit Baud (Bd) angegeben.

Binäres Signal
Digitales Signal, bei dem es nur zwei Zustände gibt. Die Zustände werden meist mit *Null* oder *Eins* angegeben.

Binärsystem
Zahlensystem, bei dem es nur die beiden Ziffern 0 und 1 gibt. Das Binärsystem dient zur mathematische Beschreibung von binären Signalen und Systemen.

Bit
Abkürzung für Binary Digit, binäre Einheit. Bits sind die einzelnen Stellen einer binären Zahl oder die Zustände eines binären Signals. Ein Bit kann die Werte 0 oder 1 annehmen.

Breitbandanschlusseinheit (BBAE)
Siehe Splitter

Byte
Eine Folge von acht Bit, auch Einheit für die Größe einer Datei oder die Kapazität eines Datenträgers.

COM-Port
Andere Bezeichnung für die serielle Schnittstelle eines PCs

Data Carrier Equipment
Im Zusammenhang mit DFÜ in der Literatur häufig benutzter Ausdruck für ein Modem

Data Terminal Equipment
Im Zusammenhang mit DFÜ in der Literatur häufig benutzter Ausdruck für einen Rechner

Datenendeinrichtung
Im Zusammenhang mit DFÜ in der Literatur häufig benutzter Ausdruck für einen Rechner

Datenfernübertragung
Im Allgemeinen versteht man darunter die Übertragung von Computerdaten über eine größere Distanz.

Datenkomprimierung
Umwandlung von digitalen Daten in eine kürzere Form bezüglich der Datenmenge. Durch die Komprimierung der Daten kann Speicherkapazität und/oder Übertragungszeit eingespart werden.

Datenübertragungseinrichtung
Im Zusammenhang mit DFÜ in der Literatur häufig benutzter Ausdruck für ein Modem

Dienste
Im Zusammenhang mit ISDN verschiedene Datenübertragungsarten. Dienste des ISDN sind z.B. Telefonie, Faxen, Bildtelefonie, Modemübertragungen usw. Auch im Internet gibt es Dienste, dort heißen sie WWW, FTP, Mail usw.

Diensterkennung
Bei jeder ISDN-Verbindung wird eine Kennung mitgesendet, aus der hervorgeht, um welche Art von Daten (Fax, Telefonie, Computerdaten usw.) es sich handelt. ISDN-Verbindungen werden aufgrund dieser Kennung nur hergestellt, wenn es sich auf beiden Seiten der Verbindung um kompatible Geräte handelt. So ist es z.B. nicht möglich, mit einem ISDN-Telefon ein ISDN-Faxgerät anzurufen.

Doppelader
Kurzbezeichnung für zwei zusammengehörende Adern bei Telefon- oder Datenleitungen

Download
Die Übertragung von Computerdaten über eine Leitung von einem Fremdrechner zum lokalen Rechner

Downstream
Datenstrom von einem Fremdrechner zum lokalen Rechner. Gemeint ist damit meistens die maximal mögliche Übertragungsgeschwindigkeit des Datenstroms zum eigenen Rechner, die in kBit/s oder MBit/s angegeben wird.

Dreierkonferenz

Leistungsmerkmal von ISDN. Bei einer Dreierkonferenz sind drei Telefonteilnehmer miteinander verbunden. Dabei kann jeder mit jedem reden.

DSL

Digital Subscriber Line; Technologie für einen „Highspeed-Internetzugang" über eine „normale" Telefonleitung

DSL-Modem

Gerät zur Signalumwandlung, das bei der DSL-Technologie benötigt wird. Für das DSL-Modem wird auch die Bezeichnung NTBBA verwendet.

DSL-Router

Gerät zur Anbindung eines LAN an das Internet. Mit einem DSL-Router ist es möglich, mit mehreren PCs gleichzeitig die Internetdienste zu nutzen. Heutige DSL-Router haben in der Regel einen Hub oder Switch und ein DSL-Modem integriert.

Duplex

Auch Vollduplex, Betriebsart bei der DFÜ, bei der die Daten gleichzeitig in beide Richtungen übertragen werden können

Einzelverbindungsübersicht

Leistungsmerkmal von ISDN. Bei der Einzelverbindungsübersicht erhält der Teilnehmer zur Telefonrechnung eine Liste mit Rufnummer, Datum, Uhrzeit und Dauer von jeder abgehenden Verbindung im aufgeführten Berechnungszeitraum.

Ethernet

Ethernet ist der zur Zeit gängigste Standard für lokale Computernetzwerke. Über eine Standard-Ethernetverbindung werden die Daten mit einer Übertragungsgeschwindigkeit von 10 MBit/s übertragen. Bei Fast-Ethernet sind es 100 MBit/s und bei Gigabit-Ethernet 1000 MBit/s.

EURO-ISDN

Ein Ende 1993 vorgestelltes Verfahren für digitale Telefonie. In der heutigen Zeit ist stets EURO-ISDN gemeint, wenn von ISDN die Rede ist.

Externgespräch
Auch Amtsgespräch. Im Gegensatz zum Interngespräch bei Telefonanlagen versteht man unter einem Externgespräch eine Telefonverbindung über eine Vermittlungsstelle des Netzbetreibers.

Fast-Ethernet
Siehe Ethernet

Faxmodem
Ein Modem mit der Fähigkeit Faxnachrichten zu senden und zu empfangen

Faxgruppen
Unterschiedliche Standards bei Faxgeräten. Gruppe 3 ist der zur Zeit gängige Standard für analoge Faxgeräte. Gruppe 4 ist ein Standard für ISDN-Faxgeräte.

Faxklassen
Unterschiedliche Standards bei Faxmodems. Zur Zeit ist Klasse 2 der gängige Standard.

Faxumschalter
Gerät zum Erkennen eines Faxanrufs an einem analogen Telefonanschluss. Mit einem Faxumschalter kann ein Faxgerät und ein Telefon an *einem* analogen Telefonanschluss betrieben werden.

Festanschluss
Eine Telefon- oder Datenverbindung, die nicht durch ein Wahlverfahren aufgebaut wird, sondern dauerhaft besteht. Für einen Festanschluss wird auch die Bezeichnung *Standleitung* verwendet.

Filetransfer
Die Übertragung von einer oder mehreren Dateien, z.B. über das Internet.

Firmware
Die Software eines elektronischen Geräts (Tk-Anlage, ISDN-Telefon, DSL-Router usw.)

Firmware-Update
Die Möglichkeit, die Firmware eines Geräts durch eine neuere Version zu ersetzen. Dies geschieht entweder mit Hilfe eines PCs oder direkt über eine Datenverbindung zu einem Server.

Flash

Eine kurze Unterbrechung der Verbindung bei analogen Nebenstellen einer Tk-Anlage. Mit einem Flash gibt man der Tk-Anlage bekannt, dass der Gesprächspartner geparkt werden soll und dass man Steuerkommandos zur Tk-Anlage senden möchte. Die Flash-Funktion wird z.B. benötigt, um einen Gesprächspartner mit einer anderen Nebenstelle zu verbinden. Üblicherweise wird ein Flash durch Drücken der R-Taste initiiert. Die Unterbrechungszeit bei einem „normalen" Flash beträgt ca. 80 ms bis 100 ms. Wenn die Verbindung ca. 300 ms unterbrochen wird, sprich man von einem so genannten Hook-Flash, auch langer Flash. Er dient zur Nutzung einiger Leistungsmerkmale (Rückfrage, Makeln, Dreierkonferenz) bei einem analogen Telefonanschluss. Ein Hook-Flash kann auch durch kurzes Drücken der Gabel erzeugt werden. Dabei wird er als solcher erkannt, wenn die Verbindung zur Vermittlungsstelle zwischen 170 ms und 310 ms unterbrochen war.

Flatrate

Ein Tarifmodell für eine Telefon- oder Datenverbindung, bei dem die Verbindungskosten durch einen Pauschalbetrag beglichen werden.

Gigabit-Ethernet

Siehe Ethernet

Halbduplex

Betriebsart bei der DFÜ, bei der Daten in beide Richtungen übertragen werden können, jedoch nicht gleichzeitig (wie beim Funken).

Hardware

Sammelbegriff für Geräte aller Art, in der deutschen Sprache versteht man darunter meistens Computerkomponenten.

Hayes-Befehle

Siehe AT-Befehle

Hook-Flash

Siehe Flash

Hotline

Rufnummer zum Abruf von Informationen oder Hilfestellungen, z.B. bei Problemen mit Anwendersoftware.

Hub
Ein Datenverteiler in einem Computernetzwerk, an dem die Rechner des Netzwerks angeschlossen sind. Im Gegensatz zu einem Switch sendet ein Hub alle Daten an alle angeschlossenen Rechner.

Impulswahlverfahren (IWV)
Siehe Wahlverfahren

Internet
Das weltweit größte Computernetz. Oft ist mit Internet der Internet-Dienst World Wide Web gemeint.

Internet Protocol (IP)
Protokoll, das für die Zustellung von Daten im Internet benutzt wird. Das weltweite Datennetz wurde nach diesem Protokoll benannt.

Interngespräch
Telefongespräch von einer Nebenstelle einer Tk-Anlage zur anderen

Internkonferenz
Konferenzschaltung von mehreren Nebenstellen einer Tk-Anlage

Jumper
Steckbrücken auf Platinen (z.B. bei PCs oder Faxgeräten) zur Hardwarekonfiguration.

Kombi-Gerät
Ein Gerät, das letztendlich aus mehreren Geräten besteht, z.B. ein kombiniertes Telefon/Faxgerät.

Kompatibilität
Zu deutsch: Verträglichkeit. Zwei Rechner sind dann kompatibel, wenn ein Programm, das auf dem einen Rechner läuft, ohne Emulationsprogramm auf dem anderen Rechner auch lauffähig ist. In der Kommunikationstechnik spricht man von Kompatibilität, wenn Geräte Daten untereinander austauschen können.

Kopfzeile
Statuszeile einer Faxnachricht, die auf der empfangenen Seite vor dem eigentlichen Text ausgedruckt wird

LAN
Local Area Network, eine übliche Abkürzung für ein Computernetzwerk in einer Firma oder auch im privaten Bereich

Leistungsmerkmale
Damit wird beschrieben, was ein technisches System (z.B. ein ISDN-Telefon oder das ISDN selbst) zu leisten vermag. Leistungsmerkmale von ISDN sind z.B. Makeln, Dreierkonferenz, Rückruf bei Besetzt usw.

Letzte Meile
Damit ist die Strecke zwischen der Vermittlungsstelle und dem Telefonkunden gemeint. Diese letzte Meile ist in der Regel nicht länger als 5 km. Das Wort *Meile* ist hierbei also nicht wörtlich zu verstehen.

Makeln
Leistungsmerkmal von ISDN. Beim Makeln kann man beliebig oft zwischen zwei Telefonverbindungen hin- und herschalten, ohne dass dabei eine Verbindung unterbrochen wird. Es ist dabei jedoch immer nur eine Verbindung aktiv, die andere wird gehalten.

Mehrfrequenzwahlverfahren (MFV)
Siehe Wahlverfahren

Modem
Kunstwort, zusammengesetzt aus MOdulator und DEModulator. Ein Gerät zur Datenübertragung, z.B. über das Telefonnetz.

Multi-Gerät
Salopp für ein Multifunktionsgerät. Eine andere Bezeichnung für ein Kombi-Gerät, siehe dort.

music on hold
Musik, die man bei einem Telefongespräch hört, wenn die Verbindung gehalten wird bzw. wenn man sich in einer Warteschleife befindet. Bei manchen Telefonanlagen kann man eine Audioquelle (z.B. einen CD-Player) anschließen, um den Telefonpartner während des Weiterverbindens mit *music on hold* zu unterhalten.

Nebenstellenanlage
Siehe Tk-Anlage

Netzwerkdosen
Andere Bezeichnung für UAE-CAT 5-Dosen, siehe dort

NTBA
Network Termination Basisanschluss, ein kleiner Kasten der bei einem ISDN-Anschluss installiert werden muss. Es ist der Übergabepunkt vom Telefonnetz zum Teilnehmerbereich.

NTBBA
Network Termination Broad Band Access, auch Network Termination Breitbandanschluss. Gemeint ist das DSL-Modem, siehe dort.

Offline
Bezeichnung für den Zustand, wenn ein PC nicht „an der Leitung" ist, wenn also keine Datenverbindung besteht.

Online
Bezeichnung für den Zustand, wenn ein PC „an der Leitung" ist, wenn also eine Datenverbindung besteht.

Pager
Ein Empfänger für Funkrufdienste wie Scall oder Cityruf. Pager werden salopp auch Pieper genannt.

Parallelruf
Leistungsmerkmal von ISDN. Beim Parallelruf werden Anrufe gleichzeitig an zwei Anschlüssen signalisiert. Mit anderen Worten: Man kann der Vermittlungsstelle mitteilen, dass beim Anwählen der Heimatnummer z.B. auch das Handy klingeln soll.

Parken
Leistungsmerkmal von ISDN. Beim Parken wird ein Gespräch von der Vermittlungsstelle für maximal drei Minuten gehalten. In dieser Zeit kann ein anderes Gespräch geführt werden.

Passiver Prüfabschluss
Siehe PPA

Patch
Englisch für „flicken" oder „zusammenflicken". Ein Patch ist ein Programm und dient dazu, Fehler aus einer Software zu entfernen oder die Software durch wei-

tere Funktionen zu ergänzen. In speziellen Computerwörterbüchern wird das Wort „patching" manchmal auch mit „anschließen" übersetzt, vgl. Patchkabel.

Patchkabel
Ein Patchkabel ist eine RJ-45-Anschlussleitungen, bei der alle acht Kontakte der Western-Stecker belegt sind. Die Beschaltung ist einfach geradeaus, also Kontakt 1 des einen Western-Steckers ist mit Kontakt 1 des anderen Western-Steckers verbunden usw.

Pick up
Bei Telefonanlagen das Annehmen eines Gesprächs an einem Apparat, an dem der Ruf *nicht* signalisiert wird.

Plug&Play
Sinngemäß „Einstecken und Loslegen". Ein Konzept, das es erlaubt, elektronische Geräte anzuschließen und diese zu nutzen, ohne sie konfigurieren zu müssen. Bei den Geräten kann es sich um Computerkomponenten handeln, aber auch um eigenständige Apparate wie z.B. ISDN-Telefone oder Tk-Anlagen. In diesem Buch wird der Begriff auch im Zusammenhang mit der Telefoninstallationen verwendet. Mit Plug&Play-Installation ist gemeint, dass die Endgeräte nur mit Anschlussleitungen, also nicht mittels Klemmen und Telefon-Installationsleitungen, miteinander verbunden sind.

Port
Englisch für Hafen. Eine Stelle innerhalb eines Computersystems oder einer Netzwerkkomponente, an der Daten übergeben werden

POTS
Plain Old Telephone Service, gemeint ist die herkömmliche (analoge) Telefontechnik bzw. der herkömmliche Telefonanschluss

PPA
Passiver Prüfabschluss. Ein kleines Teil, das in die erste Telefonanschlussdose (TAE-Dose) eingebaut wird. Mit Hilfe des PPA kann der Netzbetreiber (z.B. Telekom) die Leitung bis zur ersten TAE-Dose durchmessen.

Protokoll
Bei der Übertragung digitaler Daten eine Vorgabe zur Abwicklung des Datenaustauschs. Das Protokoll beinhaltet unter Umständen auch Routinen zur Fehlererkennung.

Pulswahl
Siehe Wahlverfahren

Punkt-zu-Punkt-Verbindung
Bei einer Punkt-zu-Punkt-Verbindung werden stets zwei, und nur zwei, Komponenten miteinander verbunden. Beispiele für Punkt-zu-Punkt-Verbindungen: TVSt und NTBA, PC und POP eines Internet Service Providers, DSL-Modem und DSLAM.

R-Taste
Rückfrage-Taste am Telefon. Je nach Programmierung und Typ des Telefons kann beim Drücken der R-Taste eine Verbindung zur Erde hergestellt werden oder es wird ein Flash bzw. ein Hook-Flash erzeugt.

Raute-Taste
Die #-Taste auf dem Wählblock eines Telefons. Die Raute-Taste hat nur beim Mehrfrequenzwahlverfahren (MFV) eine Funktion.

Router
Unter einem Router versteht man allgemein ein Verknüpfungsgerät, das zwei Computernetzwerke miteinander verbindet. Neben der Möglichkeit, dass ein PC das so genannte Routing übernimmt, gibt es Router auch als eigenständige Geräte.

Rückfrage
Leistungsmerkmal von ISDN. Bei einer Rückfrage wird ein Gespräch mit Teilnehmer A geparkt, es wird zum Einholen einer Information ein Teilnehmer B angerufen und danach wieder zu Teilnehmer A zurückgeschaltet.

Rückruf bei Besetzt
Leistungsmerkmal von ISDN. Wenn der Anschluss eines Teilnehmers besetzt ist, kann eine bestimmte Prozedur eingeleitet werden, wobei der Status des anderen Teilnehmers von der Vermittlungsstelle überwacht wird. Sobald die Leitung wieder frei ist, wird man von der Vermittlungsstelle angerufen. Wenn man den Anruf annimmt wird eine Verbindung zu dem anderen Teilnehmer hergestellt.

Rückruf bei Nichtmelden
Leistungsmerkmal von ISDN, bei POTS zur Zeit (2004) nicht verfügbar. Wenn man einen Teilnehmer nicht erreicht, kann eine bestimmte Prozedur einleitet

werden, wobei der Status des anderen Teilnehmers von der Vermittlungsstelle überwacht wird. Sobald der Teilnehmer sein Telefon wieder benutzt hat, wird man von der Vermittlungsstelle angerufen. Wenn man den Anruf annimmt, wird eine Verbindung zu dem anderen Teilnehmer hergestellt. In diesem Buch wird *Rückruf bei Nichtmelden* als lokales Leistungsmerkmal von Telefonanlagen erwähnt.

Rufumleitung
Siehe Anrufweiterschaltung

S_0-Schnittstelle
Vieradrige Schnittstelle am ISDN-Basisanschluss für ISDN-Endgeräte.

Schnittstelle
Verbindungsstelle zwischen zwei miteinander in Beziehung stehenden Systemen. Man unterscheidet zwischen Hardware-Schnittstelle und Software-Schnittstelle. Beispiele für Hardware-Schnittstellen aus diesem Buch: U_{K0}-Schnittstelle, S_0-Schnittstelle, serielle Schnittstelle des PCs usw.

Schrittgeschwindigkeit
Siehe Baudrate

Sendebericht
Bericht über ein weggeschicktes Fax. Aus dem Bericht geht die Rufnummer bzw. die Kennung des Empfängers, die Anzahl der Seiten und die Übertragungsdauer hervor. Außerdem enthält der Bericht einen Vermerk, ob bei der Übertragung Fehler aufgetreten sind.

Serielle Schnittstelle
Schnittstelle an einem Rechner zur Ein- und Ausgabe von Daten in serieller Form. Für die serielle Schnittstelle wird auch der Ausdruck COM-Port verwendet.

Server
Auch Hostrechner, ein Rechner, der Informationen zum Abruf bereitstellt. Zu Servern können Datenverbindungen hergestellt werden.

Simplex
Betriebsart bei der DFÜ, bei der die Daten nur in eine Richtungen übertragen werden können (wie bei Radio).

Sky-DSL
Technologie für einen „Highspeed-Internetzugang" via Satellit

Software
Sammelbegriff für Programme und Daten im EDV-Bereich

Sperre
Auch Anschlusssperre, Leistungsmerkmal von ISDN. Bei einer Sperre kann der Telefonanschluss durch Eingabe einer Geheimzahl (PIN) gesperrt werden.

Splitter
Auch BBAE (Broad Band Access Equipment oder Breitbandanschlusseinheit). Der Splitter trennt bei einem DSL-Anschluss die unteren Frequenzen für die Telefonsignale von den oberen Frequenzen, die für DSL verwendet werden, und leitet die Frequenzbereiche auf verschiedene Ausgänge.

Stern-Taste
Die *-Taste auf dem Wählblock eines Telefons. Die Stern-Taste hat nur beim Mehrfrequenzwahlverfahren (MFV) eine Funktion.

Surfen
Saloppe Bezeichnung für die Informationssuche im Internet

Switch
Ein Datenverteiler in einem Computernetzwerk, an dem die Rechner des Netzwerks angeschlossen sind. Im Gegensatz zu einem Hub sendet ein Switch die Daten nur an den Rechner, der sie angefordert hat.

T-DSL
Produktname für einen DSL-Anschluss von der Deutschen Telekom AG

T-Net
Name für das Telekommunikationsnetz der Deutschen Telekom. Der Begriff T-Net wird häufig auch im Zusammenhang mit einem herkömmlichen (analogen) Telefonanschluss verwendet. Mit T-Net-Anschluss ist also ein analoger Telefonanschluss von der Deutschen Telekom gemeint.

T-Online
Name eines Internet Service Providers. Die *T-Online International AG* ist eine Tochtergesellschaft der Deutschen Telekom AG

T-Punkt

Bezeichnung für den Verkaufsladen der Deutschen Telekom AG

TAE-Dose

TAE steht für Telefonanschlusseinheit. Der Begriff TAE wird allgemein bei der Anschlusstechnik für analoge Endgeräte verwendet, z.B. TAE-Dose oder TAE-Anschlussleitung.

TCP/IP

Protokollgruppe für das Internet, TCP ist für den Transport von Internetdaten zuständig und IP kümmert sich um deren Zustellung.

Telefonanlage

Siehe Tk-Anlage

Terminaladapter

Eine Box, die zum Anschließen eines Endgeräts dient. In diesem Buch wird die Bezeichnung Terminaladapter (TA) für ein Gerät zum Anschluss eines analogen Endgeräts am ISDN-Anschluss verwendet.

Thermopapier

Hitzeempfindliches Papier, z.B. in Faxgeräten. Bei Thermopapier wird zum Beschreiben nur eine Hitzequelle und keine Farbe oder Toner benötigt. Dadurch können die Elemente zum Drucken bei Faxgeräten in relativ kleinen Gehäusen untergebracht werden.

Tk-Anlage

Abkürzung für Telekommunikationsanlage. Heute ein allgemein üblicher Begriff für das Gerät, zu dem man früher Telefonanlage oder Nebenstellenanlage gesagt hat. Der neue Name hat sich durchgesetzt, weil Tk-Anlagen wesentlich mehr können, als „nur" Telefonverbindungen herzustellen.

Tonwahl

Siehe Wahlverfahren

Treiber

Software, die bei Rechnersystemen zur Ansteuerung von Geräten (Maus, Modem, Tastatur, Festplatte usw.) dient.

Türfreisprecheinrichtung (TFE)
Bezeichnung für eine Türsprechstelle, wenn diese an einer Tk-Anlage angeschlossen ist.

TVSt
Siehe Vermittlungsstelle

U-R-Schnittstelle
Netzseitige Schnittstelle des Splitters am DSL-Anschluss.

U-R2-Schnittstelle
Netzseitige Schnittstelle des DSL-Modems.

UAE-Dose
UAE steht für Universal-Anschlusseinheit. Eine UAE-Dose kann für unterschiedliche Einsatzgebiete in der Kommunikationstechnik verwendet werden, z.B. als ISDN-Anschlussdose oder als Netzwerkdose bei LANs.

UAE-CAT 5-Dose
Auch Netzwerkdose. UAE-CAT 5–Dosen sind, im Gegensatz zu „normalen" UAE-Dosen, gegen elektromagnetische Einflüsse abgeschirmt. Auf diese Weise werden Störungen bei der Übertragung von Computerdaten minimiert.

Übertragungsfehler
Fehler bei der Übertragung von Computer- oder Faxdaten. Meist sind die Fehler auf elektromagnetische Störungen oder auf eine „schlechte Leitung" zurückzuführen. Mit speziellen Methoden können Übertragungsfehler erkannt werden.

Übertragungsgeschwindigkeit
Geschwindigkeit, mit der Computerdaten (zumeist über eine Leitung) übertragen werden. Die Einheit für die Übertragungsgeschwindigkeit ist BPS bzw. Bit/s (Bit pro Sekunde) oder CPS (Character Per Second).

U_{K0}-Schnittstelle
Netzseitige Schnittstelle des NTBA bei Verwendung von Kupferleitungen.

Upload
Die Übertragung von Computerdaten über eine Leitung vom lokalen Rechner zu einem Fremdrechner

Upstream
Datenstrom vom lokalen Rechner zu einem Fremdrechner. Gemeint ist damit meistens die maximal mögliche Übertragungsgeschwindigkeit des Datenstroms zum Fremdrechner, die in kBit/s oder MBit/s angegeben wird.

User
Englische Bezeichnung für einen Benutzer eines Online-Dienstes

Vermittlungsstelle
Allgemeine Bezeichnung für ein Gebäude, in dem die Telefonleitungen zusammenlaufen, früher sagte man dazu „Amt". Die Knotenpunkte für die Telefonleitungen von den einzelnen Teilnehmern werden Teilnehmervermittlungsstellen (TVSt) genannt.

Vollduplex
Siehe Duplex

W48
Der Klassiker unter den Telefonen, ein (meist schwarzes) Bakelittelefon aus der Nachkriegszeit.

Wahlgeber
Kleines Gerät zum Erzeugen der Frequenzen für das Tonwahlverfahren, aus früheren Zeiten besser bekannt unter der Bezeichnung *Fernabfragegerät für Anrufbeantworter*

Wahlverfahren
Methoden, die zum Verbindungsaufbau von Telefonverbindungen dienen. Bei analogen Anschlüssen funktioniert dies mit dem Impulswahlverfahren (IWV), salopp Pulswahl, oder dem Mehrfrequenzwahlverfahren (MFV), salopp Tonwahl genannt. Beim Mehrfrequenzwahlverfahren werden die Informationen bezüglich der gewünschten Rufnummer in Form von Tönen mit verschiedenen Frequenzen zur Vermittlungsstelle übertragen. Beim Impulswahlverfahren geschieht dies mit Rechteckimpulsen.

Wähltonerkennung
Eine zumeist in Faxgeräten und Modems eingebaute Funktion, die dazu dient, dass von dem entsprechenden Gerät erst dann eine Rufnummer gewählt wird, wenn es den Wählton von der Vermittlungsstelle erkannt hat.

Wecker
Bezeichnung für die Klingel oder den elektronischen Signalgeber von Telefonen

Western
Amerikanischer Standard für Telefonstecker, der sich in den letzten Jahren in Deutschland auch durchgesetzt hat

Wireless LAN
Englische Bezeichnung für ein lokales Funknetzwerk. Die Abkürzung WLAN ist auch in der deutschen Sprache üblich.

WLAN-Adapter
Ein Netzwerkadapter (Netzwerkkarte) für die Nutzung von lokalen Funknetzwerken

World Wide Web
Internet Dienst mit multimedialen Features. Meistens ist das World Wide Web gemeint, wenn vom Internet die Rede ist.

Zählimpulse
Methode zur Übermittlung der Tarifeinheiten zum Teilnehmer eines analogen Telefonanschlusses. Nach jeder Tarifeinheit wird dabei ein kurzer 16 kHz Impuls gesendet, der vom Einheitenzähler ausgewertet wird.

Anhang C Quellenangaben

Um dieses Buch zu schreiben, habe ich die im Folgenden genannte Literatur benutzt. Dabei verstehe ich unter Literatur nicht nur Bücher, sondern auch Aufsätze aus Fachzeitschriften, Informationsbroschüren und Online-Datenquellen.

Bücher

Zitt, Hubert
Die Telekommunikations-Werkstatt
Markt&Technik Verlag, München, 1996

Zitt, Hubert
ISDN für PC und Telefon
Markt&Technik Verlag, München, 1998

Zitt, Hubert
ISDN Gewusst Wie!
Markt&Technik Verlag, München, 2000

Zitt, Hubert
ISDN & DSL für PC und Telefon
Markt+Technik Verlag, München, 2003

Winkler, Peter
M+T Computerlexikon
Markt+Technik Verlag, München, 2003

Bluschke, Andreas und Matthews, Michael
xDSL-Fibel
VDE-Verlag, Berlin und Offenbach, 2001

Vorträge und Seminare

Kauffmann, Frank
xDSL Technology
Vortrag im Rahmen einer Exkursion mit der FH Zweibrücken
Siemens AG (Bruchsal), 3. Juni 2002

Diverse studentische Beiträge von Studierenden der
Studiengänge „Angewandte Informatik" und „Digitale Medien" im Lehrfach
Anwenderorientierte Kommunikationstechnik
Fachhochschule Kaiserslautern, Standort Zweibrücken
Sommersemester 2001 bis Sommersemester 2004

Informationsbroschüren der Deutschen Telekom AG als Herausgeber

T-Net Bedienungsanleitung
Onlineversion, Stand: Juni 2003

T-Net Sicherheitspaket
Onlineversion, Stand: August 2003

SMS im Festnetz
Onlineversion, Stand: November 2003

Online Datenquellen

www.2cool4u.ch (viele Informationen zu den Themen des Buches)

www.adsl-support.de (Informationsportal für Fragen zum Thema DSL)

www.avm.de (Hersteller der im Buch erwähnten FRITZ!-DSL-Karte für den PC)

www.btr-itconnect.com (Hersteller von Mehrfachschaltern und Faxumschaltern)

www.itu.org (Informationen zu Normen und Empfehlungen)

www.telekom.de (Informationen, Tarife, Bedienungsanleitungen usw.)

Weiterführende Quellen

Statt an dieser Stelle viele Internetadressen zu den Themen des Buches anzugeben, stelle ich diese über meine Internet-Homepage zur Verfügung. Auf diese Weise können die Daten einfacher aktualisiert werden. Klicken Sie auf meiner Leitseite auf den Eintrag *Links*.

Wenn Sie gezielt Informationen zu einem bestimmten Thema suchen, verwenden Sie eine Internet-Suchmaschine. Adressen von Suchmaschinen sind auf der Seite *Links* ganz oben angegeben.

Auf meinen Internetseiten finden Sie auch Leseproben aus meinen anderen Büchern und ein paar Anekdoten aus meinem Leben.

Meine Homepage erreichen Sie unter

```
www.imst.fh-kl.de/~zitt
```

oder geben Sie einfach meinen Namen in irgendeiner Internet-Suchmaschine an.

Sachverzeichnis

Sonar-, Subcarrier-, Powerline-, VOX- und Opto-Minispione – sind das nur Fantasieprodukte aus dem letzten James Bond Film? Gewiss nicht – diese kleinen Bugs kann jedermann mit etwas Elektronik-Grundwissen, handwerklichem Geschick und technischer Neugier selbst herstellen. Bereits die heimische Werkstatt ermöglicht das Eintauchen in die geheime, abgeschottete Welt der elektronischen Überwachung. Hier findet der Interessent alles, was er schon immer über das geheime Geschäft des Lauschens wissen wollte, aber wahrscheinlich auch einiges, was er von Amts wegen eigentlich nicht wissen sollte.

22 neue Minispione

Günter Wahl; 2004; ca. 120 Seiten

ISBN 3-7723-**4007**-5 € **19,95**

Besuchen Sie uns im Internet – www.franzis.de